你的努力，
终将成就无可替代的自己

激励千万
心灵的年度
暖心之作

每个人的成长都会经历一场蜕变，
每一个发奋努力的背后，必有加倍的赏赐！

汤木 著

百花洲文艺出版社
BAIHUAZHOU LITERATURE AND ART PRESS

图书在版编目（CIP）数据

你的努力，终将成就无可替代的自己 / 汤木著. --
南昌：百花洲文艺出版社，2014.12（2021.7 重印）
　ISBN 978-7-5500-1158-8

　Ⅰ. ①你… Ⅱ. ①汤… Ⅲ. ①成功心理—通俗读物
Ⅳ. ① B848.4-49

中国版本图书馆 CIP 数据核字（2014）第 272390 号

你的努力，终将成就无可替代的自己

汤木　著

出 版 人	姚雪雪
责任编辑	刘　云　龚晴瑜
封面设计	仙境工作室
出版发行	百花洲文艺出版社
社　　址	南昌市红谷滩新区世贸路 898 号博能中心 A 座 20 楼
邮　　编	330038
经　　销	全国新华书店
印　　刷	天津融正印刷有限公司
开　　本	880mm×1230mm　1/32
印　　张	9
版　　次	2014 年 12 月第 1 版　2021 年 7 月第 10 次印刷
字　　数	170 千字
书　　号	ISBN 978-7-5500-1158-8
定　　价	32.00 元

赣版权登字 05-2014-269

邮购联系 0791-86895108
网址 http://www.bhzwy.com
图书若有印装错误，影响阅读，可向承印厂联系调换。

目 录

第一章 人生有方向，青春不迷茫

第二章　强大的内心，成就强大的人生

第三章　每天正能量，做一个活力四射的你

第四章　优秀的人找方法，失败的人找借口

第五章　你可以不成熟，但不能不成长

第六章　学习做人是一辈子的修行

第七章　别让自己输在不懂说话上

第八章　你的努力，才是可以改变未来的力量

第一章

人生有方向，青春不迷茫

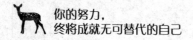
人生重要的不是站在什么位置，而是朝着什么方向

一个没有正确人生方向的人，将永远在狭小的天地里折腾，尽管他也努力了，但努力的方向错了，一切都变得毫无意义。

刘易斯·卡罗尔的作品《爱丽丝漫游奇境记》中有这样一段对话：

"请你告诉我，我该走哪条路？"

"那要看你想去哪里？"猫说。

"去哪儿无所谓。"爱丽丝说。

"那么走哪条路也就无所谓了。"猫说。

这个对话很简单，却耐人寻味。当一个人没有明确的目标的时候，自己不知道该怎么做，别人也无法帮助你！当自己没有清晰的方向的时候，别人说得再好也是别人的观点，不能转化为自己的有效行动。

一些人常常抱怨命运的不公平，他们感叹，为什么自己每天也忙忙碌碌，但成功的人偏偏不是自己呢？难道这不是命运的不公平吗？

我相信，很多人都曾经有过这样的迷茫和困惑，当你感觉世界亏待了自己的时候，不妨在夜深人静的时候问一下自己："真的是命运不公平吗？自己每天忙忙碌碌，但是努力的方向是对的吗？"

世界上有一些人忙忙碌碌，但最终一事无成，一个最关键的因素就是因为他没有注意到自己努力的方向是否正确，结果很可能把精力消耗在了偏离方向且不重要的事情上，白白做了许多无用功。他们在羡慕别人成功的同时，往往不知道自己的失误到底在哪里。

下面一个简单的故事，蕴含了一个深刻的道理，它告诉我们——明确前进的方向是多么重要。

这个故事在中国是家喻户晓的：主人公有唐僧、孙悟空、猪八戒和沙僧，徒弟3人保护师傅唐僧去西天取经。

去西天取经的路上，四人结伴前行，就是一个团队。在

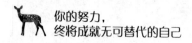
这个团队中,孙悟空有七十二般变化、降妖除魔、冲锋陷阵;猪八戒表面看起来贪吃贪睡,好像没什么本事,但打起仗来也能上天入海,助孙悟空一臂之力;而沙僧憨厚老实、任劳任怨,一直把大家的行李挑到西天;唐僧最舒服,不仅一路上有马骑、有饭吃,而且妖魔挡道也不用其动一根指头,自有徒儿们奋勇上阵。

那么,在这个团队中,谁最重要呢?答案让很多人大吃一惊!他就是唐僧,唐玄奘!

很多人不解,为什么是唐僧呢?

仔细想想,你就会发现,在这个团队中,唐僧是前进目标最明确的一个,他的目标简单而明确——到西天取经!别看他弱不禁风,不会武功,就是他,在孙悟空一赌气回了花果山、猪八戒开小差跑回高老庄、沙僧也犹豫的情况下,他毅然一个人奋勇向前,不达目的誓不罢休。因为,唐僧心里清楚地知道,他去西天的目的是要取回真经普度众生。他知道为什么要去西天,他知道他为什么做,他知道他要什么。

而其他三个徒弟,他们并不知道为什么要去西天,他们只是知道保护好唐僧就行,跟着唐僧走就行了。而唐僧是领路人,如果没有唐僧,这个团队还不知道乱成什么样子了,那么，去西天取经也就成了猴年马月的事情。

可见方向对于一个人来说是多么地重要。

只有选对了方向，才能有前进的动力，才有成功的希望。正确的方向，既是成功的开始，又是成功的保证。如果没有正确的方向，再大的本领也是没有用的，再多的努力也是没有效果的。

大象、猎豹、骆驼决定一同进入沙漠寻找生存的空间。在进入沙漠前，天使告诉它们，进入沙漠以后，只要一直向北走，就能找到水和食物。

沙漠很大，也很复杂，进入后它们就失去了方向，不知道哪个方向是北方。

大象想，我如此强壮，失去了方向也没有什么关系，只要我朝着一个方向走下去，肯定会找到水和食物。于是，它选定了它认为是北的方向，不停地前进。走了三天时间，大象惊呆了，它发现回到了它原来出发的地方。不久，大象筋疲力尽而死。

豹子奔跑得很快，它向自认为北的方向奔去。它想，凭我这样快的速度，再大的沙漠也能够穿越。可是，它跑了几天后却惊异地发现，它越是向前，越是草木稀少，最后，它

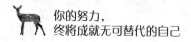
已经看不到任何绿色植物了。不久，它绝望而死。

骆驼是一个智者。它走得很慢。它白天不急于赶路，而是休息。晚上，天空中挂满了亮晶晶的星星，骆驼很容易地找到了那颗耀眼的北斗星。不久，它已经来到了水草丰美的绿洲旁。从此，骆驼就在这里安了家，过上了丰衣足食的生活。

骆驼不如大象强壮，不如豹子快捷，它成功的秘诀是找准了前进的方向，选对方向很重要。

一些人目光不够长远，努力的方向明明是错误的，还一直坚持，不懂得调整自己的方向，结果使自己陷于忙忙碌碌和无所作为的境地。成功的人之所以能够成功，就在于他们都有一个共性，那就是善于把握前进的方向，无论他们做什么事情，都把目标看清楚后再开始行动。如果没有明确的方向和目标，一味蛮干，和《南辕北辙》故事中那个愚蠢的人又有什么区别呢？

大多数人在匆匆赶路的时候，不考虑方向的问题，结果去了一些根本不值得去的地方。没有了方向，努力就失去了意义，要记住，方向永远比努力更重要。

学会忽略生命中对你不重要的事物

学会忽略生命中对你不重要的东西与人，简单地说，就是"大丈夫有所为，有所不为"，这句话，哲理颇深，小到做事，大到做人，小到经营企业，大到经营国家，都是如此。

美国哲学家威廉·詹姆斯曾经说过这样一句话："明智的艺术就是清醒地知道该忽略什么的艺术。"生活中每一个人的精力都是有限的，时间和生命都是有限的。你不可能什么都想做，什么都想要。

学会忽略生命中对你不重要的东西与人，简单地说，就是"大丈夫有所为，有所不为"，这句话，哲理颇深，小到做事，大到做人，小到经营企业，大到经营国家，都是如此。

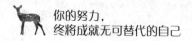
鲁迅先生说："即便是资质平平的人，花十年的功夫做一项事后也会成为专家"。设想如果真有这样一个人，专心做这样一件事，真要有些有所不为的精神才行。如果朋友让你去喝闲酒，为了面子，去了；同学叫打麻将，盛情难却，去了；同事邀请打牌，为了关系，又去了。如此三来两往，或许弟兄们感情是维护住了，但要做的事情，别说十年，就是二十年恐怕也难以做好。人的一生会有几个二十年？若一味不加节制地事事都为，那么你的人生也会因此而荒废掉。

不仅企业管理人是如此，做人更是如此。

古往今来，有以忠名留青史者，如伯夷、叔齐；有以智佐定天下者，如韩信；有以义折服世人者，如豫让；有以贤开创伟业者，如诸葛亮。他们皆有所为，有所不为，伯夷、叔齐不食周粟，付出了生命的代价；韩信受胯下之辱，付出了尊严的代价；豫让自毁相貌，付出了身残的代价；诸葛亮不受刘备禅让，拒绝了帝王的荣位，正是他们都有所不为，所以才成就了大作为。

海尔集团是最受国人推崇的成功企业之一，从它尽人皆知的创业历史中，我们也可以看出"有所为，有所不为"的表现。比如砸冰箱事件，海尔宁肯砸烂几十台价值不菲的冰

8

箱，也不让次品流入客户手中，毁坏信誉，这种气魄，有几人能真正做到？成功的企业只有做到有所为，有所不为时，才有可能在竞争中立于不败之地。

1957 年松下毅然放弃已经研究长达五年之久，投资 15 亿日元的大型计算机项目。消息传出后全日本上下为之震惊，因为松下的两台样机十分先进，不久就可以进行市场推广和大规模的工业化生产，许多人都接受不了他的这个决定，他的部下多次劝他，他都不为所动。

松下放弃的原因是因为在几周前美国大通银行的副总裁到松下访问，话题不觉中转到电子计算机上，副总裁听到目前包括松下在内，日本共有七家公司生产电子计算机时，吓了一跳。他说："在我们银行贷款的客户当中，电子计算机制造厂几乎都经营得很不顺利，公司效益一年不如一年，前景很不乐观。就以美国来讲，几乎所有公司对计算机项目都在减缩之中，而现在日本一共有七家，恐怕太多了一点吧，这种企业的危机感你们应该认识到了吧。"

副总裁走了以后，松下仔细地作了考虑，最后决心从大型电子计算机上撤退。因为松下的大型计算机项目在接下来的科研、生产以及市场推广还需要投入近 300 亿日元，如果

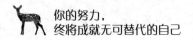

不放弃这 15 亿，那损失的可就是 300 亿。这个决定使松下更加专注于对电器和通讯事业的发展，使松下逐步成长为当今世界的电器王国。

"有所不为"是企业战略的重要工具，也是作为管理人员的管理法宝。可以让企业轻装上阵，更加理性地进行盈利模式的选择、项目选择以及制度选择。

在柯达，"尊重个人"是对待员工，对待同事都必须遵守的一个准则，即使领导也不例外。

有一次，柯达的一位高级职员跳槽到竞争对手的公司担任董事经理。人力资源总监在她离开时对她说：如果你想回来的话，请随时告诉我，柯达的大门永远向你敞开着。

两年后她想再回到柯达来发展，如那位总监所说，柯达的大门朝她敞开着，柯达尊重了她的意愿，她又重新在柯达担任了重要的职务。

还有一位柯达的销售人员认为他更加适合于人力资源工作，他提出申请后，柯达人力资源部门花费数千美元对他进行"职业适应性"评估后，满足了他的要求，这就是柯达"尊重个人"的真实案例，即"有所为"之事。

在企业中，"有所不为"是让经营者要学会放弃，"有所为"是帮助管理者发现哪些重要因子给企业带来了大部分的利益。

学会忽略生命中对你不重要的东西与人，看似简单的一句话，却能给人带来无尽的思索。它也是一种成功的智慧。要想改变自己，想要有所作为，想要成功，这种智慧就必须得具备。

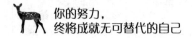
努力使自己成为一颗珍珠

在这个充满竞争的时代，职务只是瓷饭碗，好看好用易打碎；学历只是铁饭碗，好看好用易生锈：实际能力才是金饭碗，既不会打碎，也不会生锈。

生活中，人们常常会有这样的抱怨："为什么老天不给我机会呢？"其实，每个人或多或少都会获得一些机会，之所以有人成功有人失败，确实是一个值得深思的问题。

有一个自以为是的年轻人，毕业以后一直找不到理想的工作。他觉得自己怀才不遇，对社会感到非常失望。痛苦绝望之下，他来到大海边，打算就此结束自己的生命。

这时，正好有一个老人从这里走过。老人问他为什么要走绝路，他说自己不能得到别人和社会的承认，没有人欣赏并且重用他。

老人从脚下的沙滩上捡起一粒沙子，让年轻人看了看，然后就随便地扔在地上，对年轻人说："请你把我刚才扔在地上的那粒沙子捡起来。"

"这根本不可能！"年轻人说。

老人没有说话，接着又从自己的口袋里掏出一颗晶莹剔透的珍珠，也是随便扔在了地上，然后对年轻人说："你能不能把这个珍珠捡起来呢？"

"这当然可以！"

这时，年轻人恍然大悟，有的时候，你必须知道你自己是一颗普通的沙粒，而不是价值连城的珍珠。若要使自己卓然出众，那你就要努力使自己成为一颗珍珠。

成功之路如果是一架梯子，那么能力一定是"木材"，而机遇就是"图纸"，即使你把这副梯子的图纸画得再完美，再无懈可击，假如你没有足够的木材，那么一切都将成为一场空！所以，一个人的成功，能力是最重要的。下面我们来看这样一则故事：

有一天，小黄鹂向鸟类们建议："我们应该推选一位勇

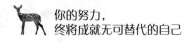
敢的国王来领导人家，谁是鸟类中最伟大的，我们就选它来当国王。"

鸟儿们都赞成这样的提议。这时候，一心想做国王的孔雀先开口了："各位，大家选我做国王吧！我的羽毛是最美丽的！"说着，孔雀就把它那美丽的尾巴炫耀地展示开来。

鹦鹉首先附和，它说："有这么漂亮的鸟做我们的国王，是值得骄傲的一件事。我们就选孔雀为我们的国王吧！"

这时，麻雀却不赞成："不错，孔雀是最美丽的，但是，像我们这么弱小的动物，被人侵略时，它有什么能力来保护我们呢？与其选一个美丽的国王，倒不如选一个在危险的时候能够挺身救我们的国王吧！"众鸟听了麻雀的话，都点头赞成。

最后，大家经过投票，选举了强悍凶猛的老鹰为百鸟之王。

还有这样一个故事：

两个同龄的年轻人同时受雇于一家店铺，并且拿同样的工资。不久，叫刘建的小伙子青云直上，而那个叫王伟的小伙子却原地踏步。王伟很不满意老板的不公正待遇，终于有一天，他发脾气了。老板一边耐心地听他的牢骚，一边盘算着怎样向他解释他们两人的差别。老板忽然想到了一个办法。

"王伟先生，"老板说，"你到集市上去一下，看看今天早上有什么卖的。"王伟从集市回来后向老板汇报说："只有一个农民拉着一车土豆在卖。""有多少土豆？"老板问。王伟赶快又去了集市，然后回来告诉老板有40口袋。"价钱是多少？"王伟第三次到集市上问了价格。老板说："现在请你坐在这把椅子上，一句话也不要说，看看别人是如何做这件事的。"

老板让人叫来了刘建，也叫他去集市上看看有什么卖的。刘建很快就从集市上回来了，汇报说到现在为止只有一个农民在卖土豆，一共40口袋，价格是多少，土豆的质量很不错，他带回一个让老板看看。并且说这个农民一个小时后还会拉几箱西红柿来卖，据他判断价格非常公道。昨天，他们铺子里的西红柿卖得很快，库存已经不多了，像这样的西红柿，老板肯定会进一些的，所以他也带了一个样品！

此时，老板转过头对王伟说："现在你知道刘建的薪水比你高的原因了吧。"

一位年轻的企业老总说过一句很精彩的话："在这个充满竞争的时代，职务只是瓷饭碗，好看好用易打碎；学历只

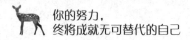
是铁饭碗，好看好用易生锈：实际能力才是金饭碗，既不会打碎，也不会生锈"，听了这些话，真的是让人警醒，拍案叫绝。仔细想想，这句话确实是很有道理的。

所以说，在你还未成为珍珠的时候，你的当务之急就是努力学习，你要成为一个有价值的人，你要不断发展、超越、成长，而不是牢骚满腹，怨天尤人。

对于自己所需要的一个工作，最起码的要求是把它做好。如果这变成了一个人的习惯，从内心深处就要求自己认认真真、踏踏实实地去做好自己的工作，自然就会尽自己最大的可能，尽量地去把它做好。在这样的做事习惯下，你就会不断地超越自己，你的价值不断得以提升，你终将成为一颗价值连城的珍珠。

接受是一种勇气，改变是一种智慧

> 你改变不了环境，但你可以改变自己；你改
> 变不了事实，但你可以改变态度；你改变不了过
> 去，但你可以改变现在。

在威斯敏斯特教堂地下室里，英国圣公会主教的墓碑上写着这样一段话：

当我年轻自由的时候，我的想象力没有任何局限，我梦想改变这个世界。

当我渐渐成熟明智的时候，我发现这个世界是不可能改变的，于是我将目光放得短浅了一些，那就只改变我的国家吧！

但是我的国家似乎也是我无法改变的。

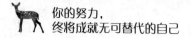
当我到了迟暮之年，抱着最后一丝努力的希望，我决定只改变我的家庭、我的亲人。

但是，唉！他们根本不接受改变。

现在，在我临终之际，我才突然意识到：如果起初我只改变自己，接着我就可以依次改变我的家人。然后，在他们的激发和鼓励下，我也许能改变我的国家。再接下来，谁又知道呢，也许我连整个世界都可以改变。

生活中，有些人总是认为改变自己太难，而改变一个国家一个社会却似乎很简单。结果可想而知，他既不能改变社会，同时也不能改变自己，于是牢骚和抱怨就成了家常便饭。其实，这个地球不需要你多操心也会运转良好。而你能改变的，更容易的是自己，要一心一意把自己应该做的事情给做好。

台湾女作家吴淡如曾经说过一句很有哲理的话："改变我所能改变的，接受我所必须接受的，让自己活得充实，永远不要画地自限。"生活中，明智的做法就是接受必须接受的，改变能够改变的。比如，你改变不了环境，但你可以改变自己；你改变不了事实，但你可以改变态度；你改变不了过去，但你可以改变现在……只有这样，才不会被生活击倒，才能活出自己的精彩。

下面的这个故事，或许能让你明白这个道理。

巴雷尼小时候因病成了残疾，母亲的心就像刀绞一样，但她还是强忍住自己的悲痛。她想，孩子现在最需要的是鼓励和帮助，而不是妈妈的眼泪。母亲来到巴雷尼的病床前，拉着他的手说："孩子，妈妈相信你是个有志气的人，希望你能用自己的双腿，在人生的道路上勇敢地走下去！亲爱的巴雷尼，你能够答应妈妈吗？"

母亲的话像铁锤一样撞击着巴雷尼的心扉，他哇的一声，扑到母亲怀里大哭起来。

从那以后，妈妈只要一有空，就给巴雷尼练习走路，做体操，常常累得满头大汗。有一次妈妈得了重感冒，她想，做母亲的不仅要言传，还要身教。尽管发着高烧，她还是下床按计划帮助巴雷尼练习走路。黄豆般的汗水从妈妈脸上淌下来，她用干毛巾擦擦，咬紧牙，硬是帮巴雷尼完成了当天的锻炼计划。

体育锻炼弥补了由于残疾给巴雷尼带来的不便。母亲的榜样作用，更是深深教育了巴雷尼，他终于经受住了命运给他的严酷打击。他刻苦学习，学习成绩一直在班上名列前茅。

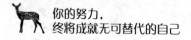
最后，他以优异的成绩考进了维也纳大学医学院。大学毕业后，巴雷尼以全部精力致力于耳科神经学的研究。最后，他终于登上了诺贝尔生理学和医学奖的领奖台。

接受是一种勇气，改变是一种智慧。生活就是这样，你无法预料它会带给你什么，你必须接受你遇到的；但你也能改变你遇到的，只有这样，才能品尝到胜利的果实。

埋进土里的种子，才能长成大树

> 这就像一粒种子，你要它长大，就必须先把它埋在土里。如果不肯忍受被泥土埋藏的苦闷，只想享受温暖的阳光、新鲜的空气，那么它永远也不会生根发芽、茁壮成长。

韩信《胯下之辱》的故事很多人都听过，但真正能懂得故事内涵的人却不是很多。

特别是一些刚步入社会的年轻人，年轻气盛，有时候会轻蔑地说："如果是我，才不会受这样的侮辱呢！"可是，不受这种"辱"的后果是什么？如果韩信当时也不懂得受辱，不懂得适时低头，那就很可能没有后来的赫赫战功。但韩信毕竟是大将之才，懂得一个道理：要想抬头，先学会低头。

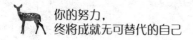

"直木遭伐，水满则溢"，低头是一种智慧，低头做人，可以使自己站得更稳，更容易被别人接受，要想出头，先学会低头。"低"就是让自己在不该出头的时候忍得住。一个不会低头的人，往往是很容易被伤害的人。

可以想象，一个人如果什么事都忍不住，凡事都急于出头，除了自寻苦恼之外，他不会真正得到什么。这就像一粒种子，你要它长大，就必须先把它埋在土里。如果不肯忍受被泥土埋藏的苦闷，只想享受温暖的阳光、新鲜的空气，那么它永远也不会生根发芽、茁壮成长。

同样的道理：人只有忍住浮躁的欲望，埋头做事，才能有所作为，最后出人头地。人都有出头的欲望，但出头不可强出。"烦恼皆因强出头"，这句话可以说是生存处世的经验之谈。这里的"强"有两个意思。

第一个意思是"勉强"，也就是说，自己的能力还不够，却勉强去做某些事情。固然勉强去做也有可能获得意外的成功，但这种成功的可能性并不高，通常的结果是：失败了，既折损了自己的斗志，也惹来一些嘲笑。当然，我们并不是嘲笑正常情况下的失败。失败是成功之母，可是在别人眼中，你的失败却是能力不足、自不量力的同义语，这种失败是一种致命伤，而且极有可能成为烙印。这就是你强出头的烦恼。

忍耐的人能够承受外在因素的纷扰，不怕责难，勇担大任。春秋战国时期，越王勾践被吴王夫差战败后，毫不畏惧吴王的种种责难。他佯装称臣，忍受屈辱，最终被放回国。经过十多年的艰苦磨难，勾践终于一举灭吴，实现了复国雪耻的抱负。勾践在他人责难面前选择了忍耐，让我们感受到了他的坚韧和智慧。

没有忍耐力的人往往会失去理智，意识模糊，失去判断的能力，这样的人往往是不堪一击的，就像寓言故事中的皮球一样，一遇到热水就爆炸崩溃。历史上因为缺乏忍耐力而让自己变得不堪一击的人不胜枚举。

读过小说《三国演义》的读者，对《诸葛亮三气周瑜》的故事肯定记忆深刻。

第一次，孔明智激周瑜，让东吴先去打南郡，结果周瑜中了毒箭，自己又强忍伤势用计诓出南郡守军，把曹仁杀得大败。但是孔明却派赵云趁曹军出城时攻取了南郡。得了南郡，遂用兵符，星夜诈调荆州守城军马来救，却派张飞袭了荆州；又差人用兵符，到襄阳诈称曹仁求救，诱夏侯引兵出城，却派关羽袭取了襄阳。周瑜忍耐不住内心的恼火，气得

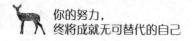

金疮崩裂。

　　第二次，周瑜向孙权献计：以替孙小妹招婚的名义诓刘备到江东杀掉。结果刘备根据孔明的锦囊妙计成功娶了孙夫人，最后又安全返回荆州。在江上，孔明让荆州军对追来的周瑜大喊：周郎妙计安天下，赔了夫人又折兵。周瑜又压制不住内心的怒气，结果箭创复发，昏倒在地。

　　第三次，周瑜想用"假途灭虢"之计，却被孔明识破，结果周瑜气倒在地，给孙权上了一封奏疏推荐鲁肃接任自己，大呼三声："既生瑜，何生亮！"没回到柴桑，在巴丘就挂掉了。

　　试想一下，如果才华横溢的周瑜胸怀能宽广一些，不因为诸葛亮的羞辱而恼羞成怒，又怎会被气得身亡呢？

　　埋进土里的种子，才能长成大树，不忍耐泥土的压力，又怎能有出土那一刻的欣欣向荣呢？人生无坦途，面对一些不如意的事情应该学会忍耐，否则往往不堪一击。其实，忍得住的人往往都有一个豁达的胸怀，胸纳百川，处事泰然，无论遇到什么不顺心的事情，都能够坦然面对。

再艰难的人生，也不能磨灭自己的志向

人生如黑夜行船，志向便是那最远最亮的航标灯，有了它，你才会乘风破浪地前进，而不至于被狂风巨浪吞没……

曾经有人问三个砌砖的工人："你们在做什么？"第一个人说："砌砖。"第二个人说："赚工资。"第三个人说："建造世界上最富有特色的房子。"后来第三个人成了有名的建筑师。

这个故事让人深思。为什么成了有名建筑师的不是第一、第二个砌砖工人，而是第三个呢？我想起了高尔基的一句名言：一个人的追求目标越高，他的才力就发展得越快，对社会越有益，我确信这也是一个真理。这是对这个故事多么准

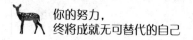
确的注释！

第三个工人道出了他的远大抱负，而第一个工人几乎没有什么理想，第二个工人的理想是庸俗的，他们的思想束缚了他们才力的发展，自然难有作为。

"志"是人的心意所向，《诗大序》称："在心为志。"作为人生的追求目标，"志"有着举足轻重的地位。立志，其实就是让一个人从大地上站立起来，从懵懵懂懂中清醒过来，从浑浑噩噩中悔悟过来，从芸芸众生中凸现出来。

生活不能没有目的，人生不能没有方向。"立志"，就是给人生一个目的，一个方向，从而使得一个人的智慧、情感和意志沿着既定的方向驶向既定的目的，最终达到成功。《大学》有言："知止而后能定，定而后能静，静而后能安，安而后能虑，虑而后能得。"这个止，就是人生的至善境界，生活的目的，就是使人高大的东西，它支撑着一个人的价值，体现着一个人的尊严。

志向是极可贵的精神力量。一个想有所成就的年轻人，必须狠下心，为自己立下一个能激发自己动力的远大志向。有了它，才不会浑浑噩噩地混日子。

人生如黑夜行船，志向就是前进中最亮的航标灯，有了它，你才会乘风破浪地前进，而不至于被狂风巨浪吞没；人生如攀登险峰，志向则是险峰上的制高点，有了它在顶峰闪光，你才不会留恋半山腰的奇花异草而停止攀登的步伐。诚然，"直挂云帆济沧海"的雄壮当属志在四方的人，"一览众山小"的豪迈当属志在高处的人。如同在荆棘丛生的野外跋涉的人生，每走一步都是那样艰难。胸无大志者会退缩，而心存大志者却义无反顾地大步向前，明知前方荆棘遍地，明知前方野兽出没，他仍充满希望，勇敢地划起生命之舟。

在人类的历史长河中，许多成功者的收获都源于他们的远大志向。

"三军可夺帅也，匹夫不可夺志也"，这是万世师表的孔子对理想的认识。"十五有志于学"的他，虽四处游说，到处碰壁，仍矢志不渝。试想：若没有十五岁时立下学习道德学问的远大志向，哪里会有对后世影响至深的儒家经典呢？

现实社会中，很多人都有自己的志向，但是却不敢立大志，对自己缺乏足够的信心。其实我们应当深信：志当存高

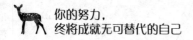
远，要立志就要立大志。俗话说，"有志者事竟成"，只要
我们有坚定不移的奋斗目标，并且为着这个目标而不懈努力，
终有一天，一定会让目标成为现实的。

不逼自己改掉拖延的恶习，你的人生将不堪重负

> 改变一种行为不要拖到明天，否则它会变成一个习惯；拒绝一份诱惑不要拖到明天，否则它会造成伤害；抓住一次机会不要拖到明天，否则失去后它不会再来。

古人说得好：一寸光阴一寸金，寸金难买寸光阴。一切有远大志向的人都深深懂得时间的可贵，他们绝不拖延，因为拖延就是对自己的生命不负责任。

而拖延是一种恶习，是一种毁灭性的力量，它可以把一个企业拖垮，可以让一个人一事无成。

在战场上，两军对垒，形势危及，谁先出手击中对方，谁就能获得生机。这时候你能拖延吗？几秒钟的拖延不仅会

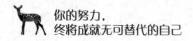

让你性命不保，还会让你身边的战友付出生命的代价。所以时间就是生命。

在商场上，有客户抛出上千万的订单，很多和你一样的商家都想得到这张订单，这时候你能拖延吗？你若拖延，煮熟的鸭子也会飞掉。所以时间就是金钱。

在考场上，面对题目繁杂的试卷，你能够拖延吗？你若拖延，就算你有状元的水平，做不完题，考官也不会给你足够的分。所以，时间就是考生的前程。

在职场上，面对一项项富有挑战的工作，你能够拖延吗？你的一点点拖延，很可能会耽误整个公司的流程，丧失最佳的竞争时机，甚至让公司被市场无情淘汰，所以时间就是效益。

拖延是不思进取的表现。也许有人会说，在合适的时候拖延一下也是有好处的，例如在沮丧、愤怒或者心情不好的时候，中断工作比勉强继续的效果更好。

我们并不否认这种说法的合理性，但这并不意味着我们就可以随随便便拖延。实际上，那些在沮丧、愤怒或者心情不好的时候不得不中断工作的人，事后他们也会后悔：唉，真是倒霉，又浪费了我这么多时间。所以真正优秀的人是不会随便拖延的，更不会为自己的拖延寻找借口，他们认为，拖延是一种无耻的行为，而决不拖延则是成功者必备的优秀素质。

埃克森美孚公司是美国一家知名企业，在这家公司领导层的办公室里几乎都悬挂着一个数字电子白板，白板上一直显示着一段话："决不拖延！如果我拖延下去，我将会怎么样？如果将工作拖到以后再去做，那么会发生什么？""决不拖延"是这家公司员工的重要行为准则。

公司负责人解释说："决不拖延，我们就可以轻松愉快地生活和娱乐。避免拖延的唯一方法就是随时开始行动，而随时开始行动，首先必须认识到自己工作的重要性。另外必须记住的是，没有什么人会为我们承担拖延的损失，拖延的后果只有我们自己承担。如此一来，我们就可能在一个庞大的公司里，创造出每一个员工都不拖延哪怕半秒钟时间的奇迹。"

拖延是一种很坏的工作习惯。由于惰性心理，得过且过，今天该做的事拖到明天完成，现在该打的电话等到一两个小时后才打，这个月该完成的报表拖到下一月，这个季度该达到的进度要等到下一个季度等等，带着这样的念头工作只会

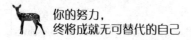
感觉工作压力越来越大。能拖就拖的人心情总不愉快，总感觉疲乏。因为拖延并不能省下时间和精力，刚好相反，它会使你心力交瘁，疲于奔命。

要记住：改变一种行为不要拖到明天，否则它会变成一个习惯；拒绝一份诱惑不要拖到明天，否则它会造成伤害；抓住一次机会不要拖到明天，否则失去后它不会再来；作出一个决定不要拖到明天，否则一切看似英明的决策都会变成"马后炮"。

勇于向今天献出自己，明天，你将会受益无穷！

第二章

强大的内心，成就强大的人生

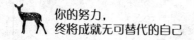
心有多大，世界就有多大

> 任何成功者都不是天生的，成功的根本原因
> 是开发了人的无穷无尽的潜能。只要你抱着积极
> 的心态去开发潜能，你就会有用不完的能量，你
> 的能力就会越用越强。

生活中，为什么有些人就是比其他人更成功，赚更多的
钱，事业飞黄腾达。而有的人忙忙碌碌地劳作却只能维持生
计，甚至穷困潦倒呢？

其实，人与人之间并没有多大的区别。之所以会有如此
截然不同的结果，秘密就是——心态。著名文学巨匠狄更斯
说过："拥有好心态，比拥有一百种智慧都更有力量。"这
句让世人耳熟能详的至理名言阐释了一个真理：有什么样的

心态，就有什么样的人生。

积极的心态，就是心灵的健康和营养，这样的心灵能吸引财富、成功、快乐和健康。消极的心态，却是心灵的恶疾和垃圾，这样的心灵，不仅排斥财富、成功、快乐和健康，甚至会夺走生活中已有的一切。

总之，一句话，要想在社会中立足，出人头地。就必须让自己有一个好心态。因为影响我们人生的绝不仅仅是环境，心态控制了个人的行动和思想。同时，心态也决定了视野、事业和成就。

拿破仑·希尔认为：成功人士的首要标志，在于他的心态。一个人如果心态积极，乐观地面对人生，乐观地接受挑战和应付麻烦事，那他就成功了一半。

立足社会，必须有一个好的心态，好心态能让一个人充满自信、受人喜欢、知足常乐、倍感幸福，更重要的是它还能让人改变自我、改变世界。这并不是什么夸大其词，也不是什么异想天开，因为在人的本性中，始终有这样一种倾向，当我们把自己想象成什么样子，最后往往会变成那个样子。心有多大，舞台就有多大。

亚伯拉罕·林肯曾经说过："我一直认为，如果一个人

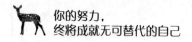
决心获得某种幸福，那么他就能得到这种幸福。"人与人之间原来只有微小的差异，但这种微小的差异却往往造成巨大的差异，造成这种差异的正是你的心态。

当李白醉吟出"天生我材必有用，千金散尽还复来"时，我们看到的是他那豪放乐观的心态；当刘禹锡吟出"病树前头万木春"时，我们看到的是他不怕挫折、勇往直前的心态。不为五斗米折腰的彭泽县令，愤然辞官时，他心中的水，摇晃得厉害。那是一个多想为民做事，为国分忧的有志之士呀！然而在黑暗的官场上，他找不到自己的位置，只得退而隐之。当然，归隐时他的水已然放平，否则"采菊东篱下，悠然见南山"的"悠然"怎么来呢？留给后世的依然是他的气节、他的诗，还有他的闲适。

失败是不可怕的，正如海明威的小说《老人与海》中的主人公桑地亚哥所说的："人可以被打倒，但不能被战胜。"失败与悲伤只能使我们痛苦，但并不能摧毁我们的斗志。也许命运不会首肯你的选择，只要你拥有良好的心态，你也一定能登上成功的顶峰。

世界潜能大师安东尼·罗宾说，任何成功者都不是天生的，成功的根本原因是开发了人的无穷无尽的潜能。只要你抱着积极的心态去开发潜能，你就会有用不完的能量，你的能力就会越用越强。反之，就只有怨天尤人，叹息命运的不公，变得越来越消极无为。

想要在生活中有所成就，就必须有一个好的心态。特别是在人生中不如意、不顺心、不快乐的阶段，更是需要拥有好的心态来支撑度过。

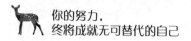
别拿别人的错误来惩罚自己

世界上没有爬不过去的火焰山。什么事情总归会过去，生气不能解决任何问题，那么，与其用痛苦一遍一遍地折磨自己，何不试着绕开它，去做一个不生气的聪明人呢？

年轻人大都年少气盛，几句话说顶嘴了，就可能甩头走人，以后再也不理别人。如果你是和父母闹别扭，耍性子，父母可能会一笑了之。可是，社会中，可没有别人有义务受你的气。你动不动就生气，耍性子，别人只会认为你很幼稚，不成熟，难当重任。

职场中，爱生气的人遇到一些不顺心、不公平的事情，势必会心里气呼呼的，甚至会当场对同事发脾气，让整个场面一秒钟变尴尬；炒股赔了或者买的基金收入减少了，计划的旅行也因此而搁浅，难免心情郁闷，看什么都不顺眼，随时随地都能"火山爆发"，哪怕即使是家里的宠物没有很乖，也可能让一个人气急败坏，大发雷霆。

"生气就生气！有什么大不了呢！"有些人会有这样的想法，认为生气无伤大雅，甚至有的人还觉得生气是表现个性的途径。殊不知，生气是一种最愚蠢的行为！

心理学认为，生气是一种不良情绪，是消极的心境，它会使人闷闷不乐，低沉阴郁，还会让人产生过激行为，从而导致无法挽回的严重后果。

而且，生气发怒不能解决任何问题，反而会更严重地伤害自己的身心健康，同时还会加剧各种矛盾和纠纷的产生。试想一下，当你无所顾忌地大发脾气后，或许你的心情会慢慢变好，但是，却很可能给别人造成永久的伤害。

有一个很经典的故事，每一个人都应该从中感悟它蕴涵的深刻道理。

有一个男孩脾气不好，经常动不动就乱发脾气。他父亲给了他一袋钉子，并且告诉他，每当他发脾气的时候就钉一个钉子在后院的围栏上。第一天，男孩钉下了37根钉子。慢慢地，每天钉下的数量减少了，他发现控制自己的脾气要比钉下那些钉子容易。

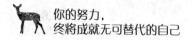

于是，有一天，这个男孩再也不会失去耐性而乱发脾气。他告诉父亲这件事情。父亲又说，从现在开始，每当他能控制自己脾气的时候，就拔出一根钉子。一天天过去了，最后男孩告诉他父亲，他终于把所有钉子给拔出来了。

父亲握着他的手，来到后院说："你做得很好，我的好孩子，但是看看那些围栏上的洞。这些围栏将永远不能回复到从前的样子。你生气时候说的话，就像这些钉子一样留下疤痕。如果你拿刀子捅别人一刀，不管你说了多少次对不起，那个伤口将永远存在。话语的伤痛就像真实的伤痛一样令人无法承受。"

你生气了，在别人眼里是不行，别人会说："看，这人一点承受力都没有，一点涵养都没有！"职场上，容易生气的人更容易被解雇，试想一下，谁愿意聘用一个一点就着火的"炸药桶"呢？

哲学家康德说："生气，是拿别人的错误惩罚自己。"世界上没有爬不过去的火焰山。什么事情总归会过去，生气不能解决任何问题，那么，与其用痛苦一遍一遍地折磨自己，何不试着绕开它，去做一个不生气的聪明人呢？

能够打败你的，往往是你自己

　　要解决这个问题，你就要告诉自己，从今以后，你看到任何事情或者问题的时候，就要全面地去分析，不要总是看同样一个角度，多看看别的角度。

　　爱钻牛角尖的人，往往很偏执，眼前的宽广大道他们不走，偏偏向着最狭窄的路越走越远，不管那是一条多么黑暗的路，即使那条路是死胡同，它们还是固执地往里钻，而且不会吸取教训。他们处处和自己较劲儿，整天和自己过不去。

　　一个人如果爱钻牛角尖，那他在社会上就很难有所成就，因为你不用别人打败你，你自己就把自己给打败了。爱钻牛角尖儿的人不仅常常让自己毫无退路，还会招致别人的反感，

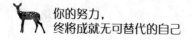
于人于己都不好。

比如说，钱丢了，我们和自己过不去，和自己较劲儿。坐那儿老是生闷气，总是想着丢哪了？总是想着怎么会丢呢？这有什么用呢？即使你挖地三尺找个遍也未必能找得到。那么，再自己跟自己生闷气，是不是和自己过不去呢？也许一句"破财免灾"足可聊以自慰。

比如说，失恋了。我们会和自己过不去。你会觉得不服输，会觉得被别人甩了很没面子，会觉得感情受到伤害，受到欺骗。可是，既然人家连分手都敢给你说了，还会再回过头来爱你吗？心里还会在乎你吗？你即使再痛苦，再感觉天塌地陷又有什么用呢？你看看吧，天天喝酒浇愁的有，在胳膊上刺字烫烟头的有，死追蛮缠苦苦哀求的有……其实，大可不必。何必自己和自己过不去呢？谁也不是谁的谁，爱也并非生命的全部。天涯何处无芳草，何必单恋一枝花？

比如说，落选了。我们会和自己过不去。因为你心里憋气，窝火。你总感觉别人走了关系，通了它道，感觉自己是给别人垫背的。可是，这能怎样？世态炎凉你比谁都清楚，官场学问你比谁都明了。在这种情况下，你再发牢骚，讲怪话，生闷气，是不是还是和自己过不去？其实，一句"尽人

42

事，听天命"就可以让自己情绪好转。

其实，爱钻牛角尖儿的人遇到事情喜欢从自己的经验或者目前的想法出发，考虑事物的一方面或者仅仅一个侧面，认定了这个想法后就具有相对的稳定性，不容易改变。

要解决这个问题，你就要告诉自己，从今以后，你看到任何事情或者问题的时候，就要全面地去分析，不要总是看同样一个角度，多看看别的角度。

比如，你老远看见一个你认识的人走下山坡，你马上向他挥挥手，可是他却没有对你作出任何回应，也没有向你招手，当你是透明的走了，你心里就觉得这个人看不起你，这个人很骄傲，这个人没有礼貌等等。然后，你就会钻牛角尖，你会去想很多人讨厌你，很多人看不起你，很多人不喜欢跟你做朋友，等等，你这种想法很正常，很多人遇到这种情况都会这样想，都会用自己的角度去看问题，去分析情况。

试下用另外一个角度去想这个问题，用你的朋友的角度去想，你就不会钻牛角尖了，你可能会发现原来你的朋友走下山坡的时候，太阳正照着他的脸，他感觉到很刺眼，根本没有看到你，你背向着太阳，他看见的只是你的影子，你就好像一团黑色的影子站在他的面前，所以他就当你是透明的

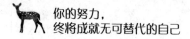
走掉了。另外一个可能就是他很烦恼，很苦恼，有一些他解决不了的问题，他的满脑子都在想着问题，想着他的烦恼，什么事情都好像看不到似的，失了魂。还有一个可能就是你站的地方人山人海，他看不见你一点也不出奇。

如果你能够用很多不同的角度去分析一个问题或者事情，你就不会钻牛角尖儿了。

遇事别钻牛角尖儿，别和自己过不去，凡事要看得透，想得开，胸怀宽广，相信"山穷水尽疑无路，柳暗花明又一村"；相信"面包会有的，机会会有的"；相信"道路是曲折的，前途是光明的"；一切都会慢慢好起来的。

既然错过了星星，就别再错过月亮

> 当你为错过星星而伤神时，你也将错过月亮。
> 无论你是快乐还是痛苦，生活是不会因此而放慢
> 脚步的。

保罗博士在纽约市一所中学任教，他曾给他的学生上过一堂难忘的课。这个班的大多数学生有一个共同特点，那就是为自己过去的成绩感到不安。他们总是在交完考卷后充满了忧虑，担心自己不能及格，以致影响了下阶段的学习。

一天，保罗在实验室里讲课，他先在桌上放了一瓶牛奶，接着沉默不语。学生们不明白这瓶牛奶和所学的课程有什么关系，只是静静地坐着，望着老师。保罗忽然站了起来，一巴掌把那瓶牛奶打翻到了水槽里，同时大喊了一句：不要为

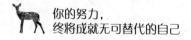
打翻的牛奶哭泣。"然后他让学生们围到水槽周围仔细地看一看，希望他们永远记住这个道理："牛奶已经淌光了，不论你怎么样后悔和生气，都没有办法把它们取回。你们要是事先想一想，加以预防，那瓶牛奶还可以保住，可是现在晚了，我们现在所能做到的，就是把它忘记，不再犯同样的错误，然后集中精力去做下一件事情。"

生活中，很多人会为自己已经做错的事情后悔、难过、悲伤，虽然他们也可能知道于事无补，但他们却还是因此而情绪低落，消沉。甚至危及到了自己以后的生活。正如泰戈尔说过："当你为错过星星而伤神时，你也将错过月亮。无论你是快乐还是痛苦，生活是不会因此而放慢脚步的。"可以说，这是古今中外聪明人共同的智慧。

不要为打翻的牛奶哭泣，这句话所包含的哲理是非常丰富深刻的，过去的已经过去，历史就如黄河之水天上来，奔流到海不复回，不能重新开始，不能从头改写。为过去哀伤，为过去遗憾，除了劳心费神，分散精力，对人们没有一点好处。沉溺于过去的错误之中，只会让你的情绪变得消沉，无论对于事业还是生活，都是一大障碍。人生漫漫的征途上，总会伴随许多困难、挫折，重要的不是我们失去了什么，而是我们学会了什么，得到了什么。我们每做一件事情，都会有经验和教训产生，经验固然可贵，教训也是不容忽视的。但我们不能沉湎于教训的打击，因为我们还要前进。那么，我们心中就要有这样一种心态：不为打翻的牛奶哭泣！

记住，被打翻的牛奶已成事实，不可能重新装回瓶中，我们唯一能做的，就是找出教训，改正错误，不再重蹈覆辙，然后忘掉这些不愉快。

聪明的人常以达观的态度来看待失败和错误，他们不让过去的失败和错误影响自己的现在的情绪，他们知道已经发生的是无法改变的事实，哪怕是刚过了一分钟，唯有去勇敢地面对它，冷静地分析过去的失误和原因，吸取有用的教训，重新投入到新的事情中去，避免再出现类似的错误；愚蠢的人会为过去的错误而烦恼，并长时间地陷入其中不能自拔，但是于事无补，除了带来坏心情之外，毫无意义可言。

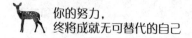
与其杞人忧天，不如做好现在

> 明天如果有烦恼，你今天是无法解决的，每
> 一天都有每一天的人生功课要交，努力做好今天
> 的功课再说吧。如果总是为明天的事担忧，尤其
> 是一些遥远的事情，那么，这些担忧无异于杞人
> 忧天。

《圣经》中有这样一句话："不要烦恼明天的事，因为
你还有今天的事要烦恼。"这是一句隐含大智慧的话，却不
是容易做到的事。

有个小和尚，每天早上负责清扫寺庙院子里的落叶。在
冷飕飕的清晨起床扫落叶实在是一件苦差事，尤其在秋冬之
际，每一次起风时，树叶总随风飞舞落下。

每天早上都需要花费许多时间才能清扫完落叶，这让小和尚头痛不已。他一直想要找个好办法让自己轻松些。

后来有个和尚跟他说："你在明天打扫之前先用力摇树，把落叶统统摇下来，后天就可以不用辛苦扫落叶了。"小和尚觉得这真是个好办法，于是隔天他起了个大早，使劲地猛摇树，这样他就可以把今天跟明天的落叶一次扫干净了。一整天小和尚都非常开心。

第二天，小和尚到院子一看，他不禁傻眼了。院子里如往日一样是落叶满地。

老和尚走了过来，意味深长地对小和尚说："傻孩子，无论你今天怎么用力，明天的落叶还是会飘下来的啊！"

小和尚终于明白了，世上有很多事是无法提前的，唯有认真地活在当下，才是最真实的人生态度。

哈里伯顿说："怀着忧愁上床，就是背负着包袱睡觉。"为明天的事情而担忧、烦恼，而让今天的情绪变糟，这是多么得不偿失的事情啊。

明天如果有烦恼，你今天是无法解决的，每一天都有每一天的人生功课要交，努力做好今天的功课再说吧。如果总是为明天的事担忧，尤其是一些遥远的事情，那么，这些担

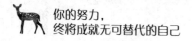
忧无异于杞人忧天，想得太多太远，人的情绪就会变得消沉、焦虑，就会失去很多本应属于我们的快乐。

在撒哈拉大沙漠中，有一种土灰色的沙鼠。每当旱季到来之时，这种沙鼠都要囤积大量的草根，以准备度过这个艰难的日子。因此，在整个旱季到来之前，沙鼠都会忙得不可开交，在自家的洞口上进进出出，满嘴都是草根，辛苦程度让人惊叹。

但有一个现象很奇怪，当沙地上的草根足以使它们度过旱季时，沙鼠仍然要拼命地工作，必须将草根咬断运进自己的洞穴，这样它们似乎才能心安理得，感到踏实，否则便焦躁不安。

而实际情况是，沙鼠根本用不着这样劳累和过虑。经过研究证明，这一现象是由一代又一代沙鼠的遗传基因所决定，是出于一种本能的担心。因此，沙鼠所做的事情常常是相当多余，又毫无意义的。

我们不能像愚蠢的傻鼠那样，做一些无谓的担忧。所以，何必预支明天的烦恼呢？做好今天的功课，就是应对明天烦恼的最好法宝。

大气的人才能成大器

> 人一生的事业能做多大，其实不必忐忑揣测，
> 更不必向算命瞎子讨教，只看自己的器量大小，
> 能在多大程度上"容天下难容之事"，你就大致
> 可知道自己的事业大小了。

大千世界，芸芸众生。一个人的地位是高是低，事业是大是小，个人魅力大小，关键看这个人"大气"与否。

《吕氏春秋》里面有这样一篇寓言，题目是《宾卑聚自杀》，这个故事特别好笑，但又特别耐人寻味。故事内容大致是这样：

有一个武士名叫宾卑聚，一天晚上做梦时梦到一个强壮的男子，戴着白色丝绸的帽子，缀红色彩绘的帽带，穿大布

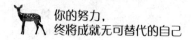

衣服，新白鞋子，佩黑色的剑鞘，向他叱责，往他脸上吐唾沫，他就惊慌地醒了过来。其实这只不过是一个梦而已，但是他却一整夜坐在那里很不开心，而且一夜都没有再睡着。

第二天一早起来，宾卑聚就叫来了自己的朋友说："我从小就很好胜，到今天 60 岁了没有受过挫败侮辱，昨天晚上我受辱，我一定要找到那个样子的人，找到了还好，如果找不到的话那我就死了算了。"于是，每天清早他都要朋友陪他站在大路口等这样的人出现，结果等了三天还是没有找到，回去后他就真的自杀了。真可谓上帝也救不了他。因为气量太小，所以他自己害了自己，这只能说是他自取灭亡。

人一生的事业能做多大，其实不必忐忑揣测，更不必向算命瞎子讨教，只看自己的器量大小，能在多大程度上"容天下难容之事"，你就大致可知道自己的事业大小了。

在社会中做事，人应该大气一些，有个宽广的胸怀，不说是能行船或跑火车之类的，至少也要有容人之量。人是社会性的群体动物，换种说法，便是谁也离不开谁，谁都难免有求人办事的时候。如果你小肚鸡肠，就会活得非常累。为什么不抛开那些不必要的鸡毛蒜皮、不值得一提的小事呢？

纠缠其中，整天弄得自己都头疼，这又何苦呢？

汉景帝时，袁盎做吴国宰相，从史跟他的小妾私通。袁盎知道后，没有泄露，对待这位从史还跟过去一样。从史自己却很害怕，悄悄跑掉了。袁盎听说后，亲自追上去，把小妾送给他，还让他做从史。后来，吴国和楚国叛乱，袁盎奉命出使吴国。吴王想让他做将军，袁盎不答应。吴王想杀他，派一名都尉率领五百人包围他的住所，将他软禁起来。巧得很，以前那个从史恰巧是监守袁盎的校司马，他半夜里将袁盎从床上拉起来，说："您快逃走吧，吴王明天早上要杀您。"袁盎不相信，说："您是什么人？"司马说："我过去是您的从史，蒙您赏赐侍女的那个人。"袁盎推辞道："您有家属，我不能连累您。"司马说："您走了，我也会逃跑，避免我的亲人受牵连，您不必担心！"说完，司马用刀割破帐篷，领着袁盎跑到安全地方，然后分手。袁盎于是安全回到朝廷。

古人认为，"杀父之仇，夺妻之恨"，乃是不共戴天之仇，袁盎却能屈己从人，此等度量，不能说不大。他给别人留了一条活路，也等于给自己留下了一条活路。

"海纳百川，有容乃大"说得可谓精彩至极，一个人只

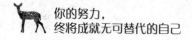
有气量大，才能成大器。只有大气的人才能容纳别人的缺点和不足，才能让别人信任你，尊重你。这样，你就会赢得更多人的支持与友情，这样的人生才能左右逢源，一帆风顺。

成功者决不放弃，放弃者绝不会成功

当你要放弃时，其实离成功可能只有一步之遥了。关键时刻再坚持一下，你就能拿到开启成功之门的钥匙。

你知道世界上最大最纯净的钻石是怎样诞生的吗？它是被索兰诺和他的两个朋友发现的。

索兰诺和他的朋友去寻找宝石，他们从河边出发。在他们寻宝的过程中，头几个月是最困难的。由于整日捡石头，洗石头，他们已经累弯了腰，却仍然没有发现一点希望。他们衣衫褴褛，手掌上全是老茧。索兰诺备受打击，身心疲惫，坐在干涸河床中的一块大石头上，对两个伙伴宣布："我受不了了！再干下去也没什么用，看到这些鹅卵石了吗？我

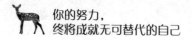

已经捡到 999,999 颗了，还没找到一颗钻石，再捡一颗就是一百万了，又有什么用？我不干了！"

他的一个伙伴阴沉着脸说："再捡一块吧，凑成一百万吧。""好吧，"索兰诺说着，弯下腰，抓了一把小石头，从中挑出了一块，居然有鸡蛋那么大。"喏，给你！"他说着，"最后一块。"可是他觉得这块石头太沉太沉了，就又看了一眼。"天哪，竟然是块钻石！"他叫了起来。这块钻石以两百万美元的价格被纽约一位珠宝商收购，并被取名为"自由者"，是迄今世界上最大最纯净的一枚钻石。

当你要放弃时，其实离成功可能只有一步之遥了。关键时刻再坚持一下，你就能拿到开启成功之门的钥匙。

有一个农民的儿子，只念完小学，就因家里没钱而辍学了。他 13 岁时父亲去世了，家庭的重担全部压在了他的肩上。20 世纪 80 年代，农田承包到户，他把一块水洼挖成池塘，想养鱼。但乡里的干部告诉他，水田不能养鱼，只能种庄稼，他只好又把水塘填平。这件事成了一个笑话。

听说养鸡能赚钱，他向亲戚借了 500 元钱，养起了鸡。但是一场洪水过后，鸡得了瘟病，几天内全部死光。

他后来酿过酒，捕过鱼，甚至还在石矿的悬崖上帮人打过炮眼……可都没有赚到钱。

35 岁的时候，他还没有娶上媳妇，即使离异有孩子的女人也看不上他。因为他只有一间土屋，而且这屋子随时有可能在一场大雨后倒塌。

但他并没有灰心，还想再搏一搏，于是四处借钱买了一辆手扶拖拉机。不料，上路不到半个月，这辆拖拉机就载着他冲入一条河里，他断了一条腿，成了瘸子。拖拉机被人从水里捞起来，已经支离破碎，成了一堆废铁。

几乎所有的人都说这个农民命苦，这辈子完了。但是后来他终于抓住机遇，办了一家公司，慢慢发展起来。现在，他已经拥有两亿元的资产。这位农民企业家成功的经历告诉我们："人只要有一口气，只要还活着，就要狠下心，绝不放弃！"

一个人想干成任何大事，都要能够坚持下去，坚持下去才能取得成功。说起来，一个人克服一点儿困难也许并不难，难的是能够持之以恒地做下去，直到最后成功。

《简·爱》的作者曾意味深长地说：人活着就是为了含辛茹苦。人的一生肯定会有各种各样的压力，于是内心总经受着煎熬，但这才是真实的人生。确实，没有压力就会轻飘

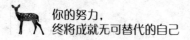
飘的，没有压力肯定没有作为。选择压力，坚持往前冲，自己就能成就自己。

　　成功者绝不放弃，放弃者绝不会成功。狠下心坚持住，有什么事不能做成呢？

第三章

每天正能量，做一个活力四射的你

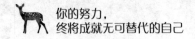
一颗充满正能量的心，胜过一百个智慧

　　一个人是否内心充满能量可以决定一个人的
成长高度，干任何工作，干任何事情，都是如此。
一个人的内心如何决定了他能否把这件工作、这
件事情做得更完善，更完美。

　　美国西点军校有一句名言就是"你的心态决定了你的一
切"。什么是心态？说白了，就是你的内心对待世界的态度。

　　我们常说，心态决定命运。其实，这话一点没有夸张。
一个人的一生能到达怎样的高度，取决于什么？看起来教育、
环境、人脉、智慧等等都很关键，这没有错，但如果一个人
没有一个良好的心态，没有一颗充满正能量的心，那么，他
很难让自己有大的作为。

因为，如果你没有一颗充满正能量的心，你就不会充满激情地认真去做一件事，这样，你做事就往往心不在焉，不能全力以赴。这样，即使你再聪明，学历再高，也很难会成功。看看我们身边，那些浑身充满负能量的人，他们之中有几个人能真正对待自己从事的工作？浮躁，抱怨，这山望着那山高，导致一些人一辈子碌碌无为，一事无成。而那些在本行业，本领域做出了杰出贡献的人，无一不是兢兢业业，一丝不苟，乐观向上，内心充满正能量的人。

可以说，你的内心深深地影响着你对事物的看法。比如两个口渴的人面对半杯水，内心充满负能量的人会说："真不幸，只有半杯水了。"而内心充满正能量的人会说："真好，还有半杯水呢！"引发快乐的原因，并不是因为水量的多少，而是因为你内心是否有积极向上的能量。

可以说，一个人是否内心充满能量可以决定一个人的成长高度，干任何工作，干任何事情，都是如此。一个人的内心如何决定了能否把这件工作、这件事情做得更完善，更完美。同时，也决定着一个人能否走上更高的职位。

一位企业老板给另外一位公司经理发了一封电子邀请函，连发几次都被退回。公司经理让自己的秘书查一下是怎

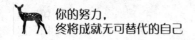

么回事。秘书是一个内心很消极的人，她始终觉得自己给老板打工感觉委屈，一是感觉自己的剩余价值被老板榨取了，二是感觉老板整天不做什么事，反倒开着好车，住着高档别墅，越想她的内心越不平衡。于是，在工作中，她的负能量时时散发。对于老板的吩咐，秘书没去调查原因，只是猜测地说，可能是邮箱满了的原因。可一周过去了，经理仍然没有收到企业的邀请函。经理又问秘书，秘书的回答竟然还是邮箱满了！公司因此失去了与该企业筹备已久的合作项目。经理一气之下，辞退了秘书。

恰恰相反，还有一位秘书，她不是来自名校，而只是自考本科毕业后应聘到一家外贸公司的。她的意向是经理秘书。但公司却安排她做办公室文员，具体的任务就是负责收发传真、复印文件。她虽然有点犹豫，但最终还是抱着积极的态度投入到工作中去了，因为她觉得这样的机会来之不易，而她又是一个自考本科生。她工作非常认真，同事们交代的事情，她都能准确而及时地完成，从没有怨言。有一次，经理拿一份合同让她复印，经理说要急用叫她快点，细心的她习惯性地快速浏览了一遍合同。当经理有些不耐烦催促她时，她指着一处刚发现的错误给经理看。经理看完之后，吓出了一身冷汗，原来是一个数字后面多了一个零。她的更正为公司避免了几百万元的损失，很快她就被提升为经理秘书。

同样是秘书，前者被辞退，后者被提升，是什么原因？很明显，是心态的问题。前者作为秘书竟然一周都不清理邮箱，这样的人，谁当老板都受不了。后者则相反，不管工作是否理想，她都能认真对待，从内心散发出一种积极、进取的正能量，从而对自己分内的工作是认真，对分外的工作也能注意到细枝末节，为企业挽回了一大笔的损失。正是这种发自内心的正能量，使得她在工作中表现得如此出色。尽管她的学历不是特别好，但是她内心的正能量足以弥补她学历的不足。

世上无难事，只怕有心人，古语早就教导过我们了。做任何事情，如果你想要做成功，就必须下定决心，不怕吃苦，不怕劳累，不轻易放弃，这一切，都需要我们有一颗充满正能量的心。只有这样，我们在生活中才能表现出热情、激情和活力，才能在遇到挫折时不气馁，而是充满直面人生的勇气，这样的人会在事业和生活中取得比别人更好的成绩，比别人更容易走向成功。

在许许多多的销售团队中，有一本书被奉为至宝。他们

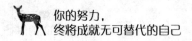

说，这本书是他们提升业绩的最强动力，因为这本书能增强
他们内心的正能量，让他们在面对任何困难时都不畏惧，勇
往直前。这本书就是《世界上最伟大的推销员》。书中一条
条激发心灵的句子，就像一位良师益友，在内心激励、鼓舞
着无数人的心灵。

"我要用全身心的爱来迎接今天。因为，这是一切成功
的最大的秘密。强力能够劈开一块盾牌，甚至毁灭生命，但
是只有爱才具有无与伦比的力量，使人们敞开心扉。在掌握
了爱的艺术之前，我只算商场上的无名小卒。我要让爱成为
我最大的武器，没有人能抵挡它的威力。

"我要用全身心的爱来迎接今天。我该怎样行动呢？我
要爱每个人的言谈举止，因为人人都有值得钦佩的性格，虽
然有时不易察觉。我要用爱摧毁困住人们心灵的高墙，那充
满怀疑与仇恨的围墙。我要铺一座通向人们心灵的桥梁。

"我不是为了失败才来到这个世界上的，我的血管里也
没有失败的血液在流动。我不是任人鞭打的羔羊，我是猛狮，
不与羊群为伍。我不想听失意者的哭泣，抱怨者的牢骚，这
是羊群中的瘟疫，我不能被它传染。失败者的屠宰场不是我
命运的归宿。

"我绝不考虑失败，我的字典里不再有放弃、不可能、办不到、没法子、成问题、失败、行不通、没希望、退缩……这类愚蠢的字眼。我要尽量避免绝望，一旦受到它的威胁，立即想方设法向它挑战。我要辛勤耕耘，忍受苦楚。我放眼未来，勇往直前，不再理会脚下的障碍。我坚信，沙漠尽头必是绿洲。

"我是自然界最伟大的奇迹。自从上帝创造了天地万物以来，没有一个人和我一样，我的头脑、心灵、眼睛、耳朵、双手、头发、嘴唇都是与众不同的。言谈举止和我完全一样的人以前没有，现在没有，以后也不会有。虽然四海之内皆兄弟，然而人人各异。我是独一无二的造化。"

……

面对如此激励人心的文字，谁能不受鼓舞呢？难怪它被每一个销售经理都带在身边，作为自己激发内心正能量的秘密武器。诚然，成功需要很多因素，但一个人不能让自己内心充满正能量，就很轻易让自己放弃，那么，这样的人即使再聪明，也是很难有所成就的。因为，从某种程度上来说，一颗充满正能量的心，胜过一百个智慧。

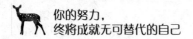
无法选择的天气，可以选择的心情

> 如果一个人能够不被周遭的环境所影响，那么，即使再恶劣的环境都无法影响他的心情。他永远知道自己该做什么，不该做什么。

古谚云："天昏昏兮人郁郁。"意思是说在阴雨连绵的季节，人们的精神较懒散，心情也不畅快。其实，我觉得很多人都会有这样的体验。

外面的天气如果是阴暗的，我们的心情也往往会像外面的天气一样沉重，灰暗郁积于胸，变得烦躁易怒。这时候，你身体里的负能量就开始控制你了，让你觉得做什么事都没有心情。如果外面的天气晴空万里，我们的心情也会感觉心旷神怡，明媚一片，快乐得想放声歌唱。这时候，你会感觉到身体里一股无法抑制的正能量喷薄欲出。

诚然，天气的好坏对人的心情的确有一定的影响，但是如果我们任天气牵着鼻子走，那真是一件不太明智的事情。李敖大师曾经说过，悲春怀秋其实都是我们自己的心情在作怪，和天气无关。因为天气只是天气，人不应该因为天气的变化而影响自己的心情。生活中，虽然我们不能选择每天的天气，但是我们可以选择自己的心情。

事实上，真正影响我们心情的只有我们自己。当一个人被负能量包围，做事无精打采的时候，他也许会说："这鬼天气，搞得我什么都不想做。"其实，他只是自己无法掌控自己的情绪，才让自己的心情变得一团糟。一个人如果不能把握自己的心情，喜怒无常，那他必定会被情绪所左右。

1965 年 9 月 7 日，世界台球冠军争夺赛在纽约举行。路易斯·福克斯胸有成竹，十分得意，因为他的成绩远远领先于对手，只要顺利发挥一下，再得几分便可登上冠军宝座。然而，正当他准备全力以赴拿下比赛时，发生了一件令他意料不到的小事：一只苍蝇落在了主球上。

路易斯没有在意，挥了挥手赶走苍蝇，然后俯下身准备击球。可当他的目光落到主球上时，这只可恶的苍蝇又落到

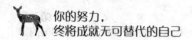

了主球上，他又挥了挥手赶跑了它，这时观众席上发出了笑声。正当路易斯俯身准备击球的时候，这只苍蝇好像故意要和他作对，又落在了主球上，这样，路易斯和苍蝇之间的周旋，惹得现场的观众笑得前仰后合。

此时，路易斯的情绪显然恶劣到了极点，当那只苍蝇又落在主球上时，路易斯终于失去了冷静和理智，愤怒地用球杆去击打苍蝇，一不小心球杆碰到了主球，裁判判他击球，他因此失去了一轮机会。对手见状勇气大增，信心十足，连连过关；而路易斯则在极度愤怒与失败情绪的驱使下，接连失利。最终对手赶上并超过路易斯，获得了世界冠军。

路易斯沮丧地离开赛场，第二天早上有人在河里发现了他的尸体。他投水自杀了。

一只小小的苍蝇击败了一个世界冠军！不仅令人扼腕长叹，更令人震惊深思。

可以说，路易斯并不是没有能力拿世界冠军，可是，他的心情糟透了，他因此失去了理智和冷静，身体的负能量像开闸的洪水一样，失去控制，结果，失掉了冠军的宝座乃至自己的生命。

如果一个人能够不被周遭的环境所影响，那么，即使再恶劣的环境都无法影响他的心情。他永远知道自己该做什么，不该做是什么。

看过电影《监狱风云》的人，对那位由影星吉尼·威尔德饰演的名叫亨利的男子印象一定非常深刻。

亨利被误判入狱，所有狱官都看他不顺眼，常常找他麻烦，他却没有大喊冤枉，义愤难平，而是始终保持着一份快乐的心情。

有一次，狱官用手铐将他吊起来，几天之后，他竟然还一脸笑容地对狱官说："谢谢你们治好了我的背痛。"之后，狱官又将亨利关进一个因日晒而高温的锡箱中。但是当他们放亨利出来时，亨利央求道："拜托再让我待一天，我正开始觉得有趣呢。"

最后，狱官将他和一位体重100多公斤的杀人犯古斯博士一同关进一间小密室。古斯博士的凶恶在狱中十分有名，就连最凶狠的犯人也像躲避瘟疫一般躲着他。然而当狱官们回来时，却看见古斯博士和亨利坐在地上大笑着玩牌，他们惊讶得不得了。

其实亨利只不过是选择了以快乐作为自己的守护神，而没有让自己的情绪受外在的客观因素影响。

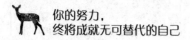
你无法选择天气，但可以选择心情，生活中既然有挫折、有烦恼，一个内心强大的人，不是没有消极情绪的人，而是善于调节和控制自己的心情，将负能量的侵袭拒之门外。

做一个"向日葵"一样的人

其实，生活中，我们应该做一个"向日葵"一样的人。像向日葵始终追寻着阳光的方向一样，永远对生活保持着高度热情，兴致高昂，勇于改变，对新鲜事物有足够的好奇。

18 世纪的上期，有一位年轻人，他经常喜欢思考一些奇怪的问题。

比如，人为什么在高兴时而不是生气时微笑？为什么遇到烦心的事情人就会生气、暴躁？为什么遇到害怕的事情人就会赶紧想法躲避？也许很多人会说："这都是正常的反应啊。这是常识啊。"

很多人都喜欢用常识来解释这些现象，因为常识告诉我

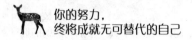
们，某件事情和想法会让你产生某种情绪，而这种情绪反过来会影响你的行为。举例来说，你在深夜走在一条黑暗的小道上，你可能会感觉害怕，焦虑。你因为害怕，还可能会出汗，可能会加快脚步往家赶。可以说，你的情绪影响了你的行为。

但那个喜欢思考奇怪问题的年轻人并不满足人们普遍认可的常识，经过多年的研究，他发现：情绪和行为之间是互相影响的，就如同正能量和负能量也会互相转化一样。举例来说，人们微笑是因为快乐，同时人们快乐也会因为微笑而变得更加快乐。

这个年轻人就是美国著名哲学家、心理学家——威廉·詹姆斯。

詹姆斯告诉我们的是，我们的情绪并不是完全不可控的。不要把任何的失败或错误归结于"一时生气""无法控制"等等。其实，我们都可以做自己情绪的主人。

在一次美国大学生橄榄球赛上，夏威夷大学队与怀俄明大学队对抗。到中场时，夏大队惨败，比分为 0:22，几乎是溃不成军。可以想象，夏大队球员进入休息室时是何等沮丧。

夏大教练狄克·屠迈看着这群垂头丧气的大孩子，心想除非调整他们颓丧的情绪，否则下半场不可能扭转败局。夏大所有队员全都泄气了，认为赢球已经无望，而这种态度根本就不可能有劲去打赢这场比赛。

这时，屠迈拿出一张海报，上面贴满了多年来他搜集的剪报文章，每一篇都是从落后分数到扭转败局、最后赢得胜利的故事。在球员们看过这些报道后，屠迈决定一点一滴地帮助他们重建信心——相信必能扭转颓丧的情绪、激发他们的斗志。

在下半场，夏大队员个个如猛虎下山，掌握了进攻的主动权，使对方队一分未得，终场以27:22获胜。

夏大队获胜的根本原因是队员在教练狄克的帮助下，调整了自己的情绪，由原来的沮丧变得高昂，由垂头丧气变得信心百倍，从而一举扭转了败局。

我们生活在这个瞬息万变的社会中，我们的情绪如同变化的天气，也是在不停变化的。当你的情绪处于进取的状态时，你浑身散发出大量的正能量，自信、快乐、兴奋，让你的能力源源不断地涌进，当你的情绪处于低落期时，负能量便不请自来，沮丧、恐惧、悲伤、烦躁使你浑身无力。

我遇到过很多因为控制不好自己的情绪而留下人生遗憾的人：他们有的人是因为工作中的稍微不如意而与上级顶撞

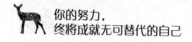
丢掉饭碗；有的人是因为没有办法控制自己由失恋引发的消沉情绪而自甘堕落；还有的人是因为情绪变化无常而受到同事冷遇。

美国有两位心理专家曾经针对一些上班族做过调查，结果有 70% 以上的人都承认，他们在办公室中曾经有过愤怒、焦虑、哭泣、哽咽的情况。他们负面情绪的引发原因和表现形式多种多样，但是归根到底，都是因为无法良好地控制情绪而使自己受到很大的伤害和损失。

其实，生活中，我们应该做一个"向日葵"一样的人。像向日葵始终追寻着阳光的方向一样，永远对生活保持着高度热情，兴致高昂，勇于改变，对新鲜事物有足够的好奇。

如果一个人学会了控制自己的情绪，就能随意地进入生龙活虎的状态——乐观、自信、兴奋、充满活力，你就能控制了局势，就能把握自己的人生。

改掉坏习惯，每天都是崭新的一天

一旦你成了坏习惯的俘虏，你就等于被坏习惯绑架了，你的生活将完全不受你的控制，你就从此陷入陷阱，无法自拔。

拿破仑·希尔说："不管我们是谁，或者我们从事何种职业，我们都是自身习惯的受益者或受害者。"这句话在实践中被千百万人所验证，

人们在生活中面对的很多苦恼，很多都可以归因于他们非常不灵活，不懂得改变，被某些习惯束缚了手脚。超重者养成了吃得多，锻炼少的习惯；吸烟者养成了习惯性地掏口袋点烟的习惯；拖延者养成了凡事找借口的习惯。一旦你成了坏习惯的俘虏，你就等于被坏习惯绑架了，你的生活将完全不受你的控制，你就从此陷入陷阱，无法自拔。

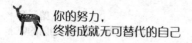
　　李娜是一位年轻的女士，虽然她年纪轻轻，却养成了做事爱拖延的习惯。结婚后不久她怀孕了。为了表达对未来孩子的关爱，她决定在怀孕时给孩子织一身最漂亮的毛衣毛裤。于是，李娜非常高兴地在丈夫的陪同下买回了一些颜色漂亮的毛线，准备动手织。可是她却迟迟没有动手，有时想拿起那些毛线编织时，李娜就会告诉自己："现在先看一会儿电视吧，等一会儿再织"，等到她说的"一会儿"过去之后，可能丈夫已经下班回家了。于是她又把这件事情拖到明天，原因是"要陪着丈夫聊聊天"。

　　后来，孩子快要出生了，那些毛线还像新买回的那样放在柜子里。丈夫因为心疼妻子，所以也并不催她。后来，婆婆看到那些毛线，告诉李娜不如自己替她织吧，可是李娜却表示一定要自己亲手织给孩子。可是，那么久都没有动手，李娜忍不住又改变了主意，想等孩子生下来之后再织，她还说："如果是女孩子，我就织一件漂亮的毛裙，如果是男孩就织毛衣毛裤，上面一定要有漂亮的卡通图案。"虽然看起来是考虑得很周详，其实却是在为自己的拖延找借口。

　　孩子生下来了后，李娜在初为人母的忙忙碌碌中，照顾着孩子一天一天地渐渐长大。很快孩子就一岁了，可是她的毛衣毛裤还没有开始织。后来，李娜发现，当初买的毛线已经不够给孩子织一身衣服了，于是打算只给孩子织一件毛衣，不过打算归打算，动手的日子却被一拖再拖。

当孩子两岁时，毛衣还没有织。

当孩子三岁时，母亲想，也许那团毛线只够给孩子织一件毛背心了，可是毛背心始终没有织成。

……

渐渐地，李娜早已经想不起来这些毛线了。

孩子开始上小学了，一天孩子在翻找东西时，发现了这些毛线。孩子说真好看，可惜毛线被虫子蛀蚀了，便问妈妈这些毛线是干什么用的。此时李娜才又想起自己曾经憧憬的、漂亮的、带有卡通图案的花毛衣。

李娜之所以变得懒惰、散漫，根本原因就是因为自己的拖延坏习惯。这个坏习惯一旦无法突破，你将永远无法战胜它。事实上，如果你不下决心现在就采取行动，那事情永远不会完成；当然，你也可以继续做习惯的俘虏。如果你不打算成功、不打算超越他人和自己、不打算改变现状的话。

不做习惯的俘虏，就应该让自己学会做点"不同的事"。有时候，一点点小的改变，就能为自己带来很大的能量。

我有一个朋友，就是用了磕瓜子这种简单的方式来取代嚼烟草。当他每次受到嚼烟草的诱惑时，便强迫自己嗑几颗

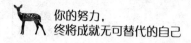
瓜子。虽然他现在已经戒烟而且用不着嗑瓜子了，但他在戒烟的早期，很长时间里都需要借助瓜子。

我的另一个朋友，他的坏习惯则是晚上要躺在床上看着电视入睡。为了改掉这个坏习惯，他决定用看书取代看电视，直到自己睡意袭来后入睡。这无疑又一次验证，有目的地选择新习惯来取代旧习惯，将极大地提高改掉坏习惯的可能性。

生活中，你也可以提高自己打破习惯的能力，你可以每隔几天做以下事件中的一项，试着打破自己的旧习惯。

比如，观看从来没有观看的电视节目；

走一条新的路线去上班；

听一种新的类型的歌；

尝试一种不同的食物。

读一份新的报纸或一个新的网站；

参观一个新的画廊或博物馆、

通过做这些事情，你表现得不再是习惯的俘虏。你会突然发现，其实一些长久以来的习惯并非无法打破，这些简单有效的方法会鼓励你改变行为的方方面面，使你感觉自己成了一个崭新的，充满正能量的，更加有动力的人。

别让你的人生被别人左右

> 人最大的弱点，就是太看重别人的看法和反映，顾虑重重，将本来挺简单的事情倒办得复杂化了。一个人想主宰自己的人生，不被负能量侵袭，就要坚持走自己的路，做自己的事，活出自己的幸福人生。

在一家心理咨询所，一个满脸愁容的女士向心理师倾诉自己的烦恼。

"我总是很在乎别人怎么看我，怕自己做得不好，别人会议论我，甚至在心里取笑我. 所以总希望在别人面前可以做得很好. 感觉自己是活在别人的目光中的，而不是活给自己看的，我很想摆脱这种讨厌的感觉，去勇敢快乐地做我自

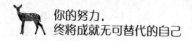
己，但真的是说易行难。我总是有意无意地去跟人比，觉得自己好虚荣，活在别人的阴影里，不能自拔。我很自卑，觉得自己挺失败的。我很期盼那种为自己的目标去奋斗的感觉。我开始逃避现实，感觉人生都暗淡无光了。想起那么爱我的妈妈，我感到无地自容，我会羞愧地大哭。我该怎么办？"

这样的麻烦事，相信不少人也会遇到。虽然说，走自己的路，让别人去说吧。但真能做到不顾虑别人看法的人还是少的。生活中大多数人往往会随着周围人对自己的看法而喜怒哀乐。而且，生活中总是不缺少喜欢品头论足、好为人师的家伙。你穿了一件新款式的衣服，他说面料太差了；你没日没夜地辛苦工作，他说你是故意做给上司看；你设计了一个新的产品创意，他说好像在哪里见过这个创意……

在人生的旅途中，常常会遭到别人的非议和异样的目光，这时候，每个人的内心难免都会因此感到气愤。但千万不要真生气，你的愤怒只会让那些喜欢品头论足的人更加兴奋。记住但丁的名言：走自己的路，让别人去说吧。它告诉我们，别太在意别人的看法，有些事不要放在心上，更不能为之斤斤计较。这样，让自己保持一个平和、宁静的心态。

李军是一个没有主见的人，做事的时候常常左右摇摆不定。刚大学毕业，李军应聘到一家公司上班，谁知道第二天就遇到了一个尴尬的问题。那天，急忙冲进电梯的李军，发现后面站着的正是昨天刚见过的公司副总，即人力资源部的主管。

李军开始犹豫要不要回过头打招呼，但是他怕自己显得太巴结，又担心人家不一定能记住他，还要当着电梯里所有人作自我介绍。于是他下定决心，就当没看见。没想到后来给副总的秘书送报告，刚巧副总从办公室里出来，却像没看见他一样，目光飘得很远。他开始后悔电梯里的行为，心想副总一定在电梯里看见他了。没过多久，更倒霉的事情来了。上司带着李军，一起陪着副总和客户吃饭。因为上次的事情，李军很想借这个机会与副总搞好关系。但是整个过程中，他几乎没有任何表现，仅仅是在内心进行了无数次的挣扎。他被自己太多的想法搅得像个傻子。

在去酒店的途中，刚开始上司和副总说公司的事情。他想，公司的事情，我这个新人不好插嘴，就一直保持沉默。中间副总咳嗽了一阵，他很想趁机问问，副总你生病了吗？但是这个念头一出，他自己都觉得害臊，"谄媚"这个词一下子就冒出来了。倒是他的上司开口了："最近身体不好？"

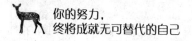
副总叹了口气说，老毛病，一到秋天就犯。于是，他们又聊到生活。中间李军几次想参与到话题中，又想，人家关系熟悉才谈这么亲近的话题，你有什么资格参与？不要搞得像隔着我的上司巴结副总一样。所以，整个途中，他都是沉默的。

吃饭的时候，他简直不知所措了。因为觉得自己地位低下，所以敬酒这种场面上的事情自然应该沉默。与对方公司交流、谈天这种事情，他似乎也不知道从何说起，他的主管事先完全没有对他交代过。李军觉得自己就像空气一样，干坐在一边。主管后来要他表现一下新人的风范，去给对方的副总敬杯酒。他立刻说自己不会喝酒，敬果汁可以吗？轻松的气氛一下子又没了……

这个故事，看上去好像是因为主人公不会圆滑处事，内心有太多的个人想法。实际上，任何人不会天生就有自己的想法，而是在后天成长的过程中养成的。一个人的看法，有时候往往并不是他的真实想法。

小李的心态波动、犹豫不决，其实就是因为被有形的、无形的许多看法所左右了，比如同事们的以及主管副总的，社会道德的身份观念等也深深影响着他，于是他最后做的，反倒不是自己真正想做的事。

总是太在意别人的看法，难免会让自己的情绪因别人的评价而波动，对于别人的话，你就会未加思索便欣然接受。一旦你接受了别人的信念，就如神经系统被下了一道紧箍咒，你的现在和未来，都会受到它的影响。

要想不被别人左右自己的心情，不活在别人的看法中，就要先从重新认知自己开始，把自己的长处和优点什么的罗列出来，多想想自己做得好的地方，记住：好与不好完全是自己的判断，不用太关注别人的看法，因为每个人对你都没有你自己更了解自己，而且因为关注的注意力和目的等等不同，当然评价也不尽相同，让所有人都说你好话很难也很累，只要自己按照自己的原则，根据自己的价值观和人生观去做事儿，那样就会走出自己精彩的人生的。

把关注别人的眼光转到来关注自己，如果觉得自己还不够完美，那就多看书、多学习、多丰富自己，那样自我感觉就容易很快好起来的，因为内心丰富了，就会有充实的感觉的。自己充实了，自然而然地就知道别人的评价不是那么那么重要了，关键还是自己内心的感受。振作起来需要自己内心的强大！自己内心强大了，就会有强大的正能量，就不会被别人的看法所左右。

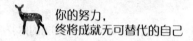
　　卡耐基说过，人最大的弱点，就是太看重别人的看法和反映，顾虑重重，将本来挺简单的事情倒办得复杂化了。一个人想主宰自己的人生，就要坚持走自己的路，做自己的事，活出自己的幸福人生。

事情没有绝对的好坏，关键是对待世界的态度

世间事物，究竟是高还是矮，是长还是短，是宽还是窄，是明还是暗，是正还是反，是欢乐还是痛苦，从本质上说并不取决于我们的处境，而是主要取决于我们的心境。

有一篇很有意思的文章，文章中，一个自以为是的年轻人，因为自己的一次奇特的经历，使自己从此对人生有了更深刻的认识，对世界有了深刻的反省。故事是这样的：

"我年轻时自认为了不起，那时我打算写本书，为了在书中加点"地方色彩"，就利用假期出去寻找。我要去那些穷困潦倒、懒懒散散混日子的人们当中找一个主人公，我相信在那儿可以找到这种人。

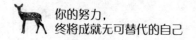
"一点不差，有一天我找到了这么个地方，那儿到处都是荒凉破落的庄园、衣衫褴褛的男人和面色憔悴的女人。最令人激动的是，我想象中的那种懒惰混日子的人也找到了——一个满脸胡须的老人，穿着一件褐色的工作服，坐在一把椅子上为一小块马铃薯地锄草，在他的身后是一间没有上油漆的小木棚。

"我转身回家，恨不得立刻就坐在打字机前。而当我绕过木棚在泥泞的路上拐弯时，又从另一个角度朝老人望了一眼，这时我下意识地突然停止了脚步。原来，从这一边看去，我发现老人的椅边靠着一副残疾人的拐杖，有一条裤腿空荡荡地直垂到地面上，顿时，那位刚才我还认为是好吃懒做混日子的人物，一下子变成了一个百折不挠的英雄形象了。从此以后，我再也不轻易为一件事情做判断了，因为我发现，换一个角度去观看，同样的一件事情，或许会有截然不同的结果。"

年轻人的反省是深刻的。俗话说，"横看成岭侧成峰"，看的角度不同，看到的世界就不同。同理，一件事情看着挺生气，我们的心情也变得很差，有时候我们常常被气得暴跳如雷，甚至失去了理智。这样，我们就很可能会做出愚蠢的举动。可是换个角度看，说不定根本就没什么事呢。

其实，生活中，很多事物都是如此，比如说，失业了，失恋了，企业倒闭了，这对一个人来说似乎全是坏事，但是否就该因此而抑制不住、自暴自弃呢？当然不是。从另一个角度看，这令人烦恼的坏事却可能是一件好事，因为这迫使你要重新选择。你有可能会选择到更适合自己的人、更有利于发挥自己潜能的工作、利润更高的生意呢！

正能量者能够从一件坏事中看到积极的一面，从而使自己信心百倍地迎接新的挑战。而负能量者只会自怨自艾，萎靡不振。由此可见，事情没有绝对的好与坏，关键还是看我们内心对待世界的态度。

有一只小鸟单独栖息在沙漠中的一棵树上。这是小鸟唯一的栖身之所，它认为天底下没有比这儿更好的地方了。有一天，一阵骤起的沙漠风暴，刮倒了这棵树，可怜的鸟儿只能竭尽全力千辛万苦地飞到百里之外，另觅栖身之处。终于，它来到了一片巨大的森林之中，林中结满了累累果实。从此，这只小鸟在这巨大的森林之中快活地生活着。

树被风刮倒，小鸟失去了唯一的栖身之所，但小鸟不悲观，不是坐以待毙，而是积极地寻找栖身之所，才有了后来

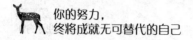
的快乐生活。同一件事情，从这方面看是灾难，换一个角度看未尝不是一件值得庆幸的事儿。

大思想家老子曾说过，什么事情都有两面性，有它好的一面，必有它不好的一面。换个角度看人生，是一种明智的选择，是勇气的象征，也是一种生活的态度和技巧。

央视十频道有一段寓意深刻的公益广告，广告词是这样的："高度开阔视野，角度转变观念，尺度把握人生。"世间事物，究竟是高还是矮，是长还是短，是宽还是窄，是明还是暗，是正还是反，是欢乐还是痛苦，从本质上说并不取决于我们的处境，而是主要取决于我们的心境，取决于我们从哪个角度和哪个站位来看问题、对待事、对待人。

不同的角度，不同的结局。有一个寓言故事的背后，衍生出了一个奇妙的心态变化。这个寓言故事是：

雨后，一只蜘蛛艰难地向墙上已经支离破碎的网爬去。墙壁潮湿，它爬到一定的高度，就会掉下来。蜘蛛一次次地向上爬，一次次掉下来……

第一个人看到蜘蛛，叹了口气，自言自语道："我不就是只蜘蛛吗？自己忙忙碌碌一无所得。"从此，他更加消沉。

第二个人看到蜘蛛，他说："这蜘蛛真笨，为什么不从旁边干燥的地方绕着爬上去呢？以后，我不能像它这样愚笨。"从此，他变得聪明起来。

第三个人看到蜘蛛，立刻被蜘蛛屡战屡败的精神所感动。从此，他变得更加坚强。

同是看蜘蛛爬墙，不同的人用不同的角度看，却有不同的感触、不同的结果。

"横看成岭侧成峰，远近高低各不同。"换个角度看风景，风景便会有不一样的风采，而换个角度看人生，那更会有不同的景致。

假如用减法的角度去看待人生，则处处充满悲观，充满危机，充满压力：20岁的人，失去了童年；30岁的人，失去了浪漫；40岁的人，失去了青春；50岁的人，失去了理想；60岁的人，失去了健康；70岁的人，失去了盼头……

换个角度，用加法思考人生，则处处充满希望，充满生机，充满快乐：20岁的人，拥有了青春；30岁的人，拥有了才干；40岁的人，拥有了成熟；50岁的人，拥有了经验；60岁的人，拥有了轻松；70岁的人，拥有了彻悟……

所以说，开心过也是一天，烦恼过也是一天，为什么不让自己做一个活力四射的正能量者呢？很多人之所以生活得

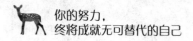
不开心,都是因为他们没有一个良好的心态。他们看问题只是从一个角度,一旦认定自己倒霉了,就会一蹶不振,垂头丧气。殊不知,换一个角度看人生,你会发现其实事情并没有我们想的那么糟。

所以,人要能跳出来看自己,以乐观、豁达、体谅的心态来关照自己和认识自己,不必苛求自己,更重要的是超越自己、突破自己,展望好的生活。跳出来换个角度看自己,就会认识到生活的苦、累或开心、舒坦,这取决于人的一种心境,牵涉到人对生活的态度,对事物的感受。

面对艰难，你要从容应对

人生也需要从容。只有从容才能造就恬淡的
人生，才有坐怀不乱的稳健，才有关键时刻巨大
能量迸发的气势，才会拥有真正精彩的人生。

有时候，我看到一些人因为一些小的事情而大惊小怪，
惶惶不可终日，我就想对他们说：请从容一些。

俗话说，忙中出错。人生的很多错误，都是因为太过草
率、匆忙而做出的判读，从而被生活愚弄，被世事纠缠。如
果一个人没有一颗淡定从容的心境，遇事便如惊弓之鸟，这
样的人恐怕很难在人生中做出理智的选择。紧张、失措、慌
张、恐惧等消极情绪，只能消耗你身体的正能量，让你没有
足够的能量去面对生活中的冲突与不测。人只有从容一些，

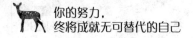
才能让自己有一颗强大的内心。

从容，即舒缓、平和、朴素、泰然、大度、恬淡之总和。从容是一种力量，不是淡漠也不是激愤。它可以使人站在一个更高的角度看生活，而不被生活愚弄，不被世事纠缠。自古至今，对于太多的人而言，这都是一种难得的境界和气度。从容之人，为人做事不急不慢、不躁不乱、不慌不忙、井然有序。面对外界环境的各种变化不愠不怒、不惊不惧、不暴不弃。看似平静，但内心却自有一股强大的正能量，使得自己能平静地面对一切。

境由心生，命运掌握在自己的手中。以乐观积极的态度看待事物，是不会有损失的。当环境无法改变时，不如改变眼光看它，适应它，然后从中受益。生活中太多的不可测因素，如果事事计较，情绪难免大喜大悲，起伏不定。生活中有的人为一职称，同事之间，明争暗斗，尔虞我诈；有的为一荣誉，朋友之间，钩心斗角，唇齿相讥；有的为一蝇头微利，兄弟刀枪相向，亲人反目相斗。还有的沽名钓誉、邀功请赏、诽谤诬陷、打击报复、欲置之死地而后快……

所以，人要让自己拥有从容的心态，世界如此险恶，最重要的一点就是要学会从容面对生活。天有不测之风云，人有旦夕之祸福。福与祸的转换就像这风云之变化无常，所以，无论是福至，还是祸降，只要你保持心境的平和，凡事淡然处之，那么福也好祸也罢，有一颗从容的心境，什么都不必畏惧。

日本有个禅师法号白隐，他生活中是一个很从容的人，看得开，放得下。面对别人的误解和非难，能够从容应对，他的故事值得深思。

有一对夫妇，住在禅寺附近，家里有一个漂亮的女儿。无意间，夫妇俩发现女儿的肚子无缘无故地大起来。这种见不得人的事，使得她的父母震怒异常！在父母的一再逼问下，她终于吞吞吐吐地说出"白隐"两字。

她的父母怒不可遏地去找白隐理论，但这位大师不置可否，只若无其事地问道："就是这样吗？"孩子生下来后，就被送给白隐。此时，他的名誉虽已扫地，但他并不以为然，只是非常细心地照顾孩子——他向邻居乞求婴儿所需的奶水和其他用品，虽不免横遭白眼，或是冷嘲热讽，但他总是处之泰然，仿佛他是受托抚养别人的孩子一般。

事隔一年后，这位没有结婚的妈妈，终于不忍心再欺瞒下去了。她老老实实地向父母吐露真情：孩子的生父另有其

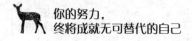

人。

她的父母立即将她带到白隐那里，向他道歉，请他原谅，并将孩子带回。

白隐仍然是淡然如水，他只是在交回孩子的时候，轻声说道："就是这样吗？"仿佛不曾发生过什么事；即使有，也只像微风吹过耳畔，瞬时即逝！

白隐为了给邻居的女儿以生存的机会和空间，代人受过，牺牲了为自己洗刷清白的机会，受到人们的冷嘲热讽。但是他始终从容处之，"就是这样吗？"这平平淡淡的一句话，将他的修养和美德展露无遗。如果没有一颗从容的心，恐怕早就在别人的冷嘲热讽中无法生活了。

人生无坦途，生活中，谁都难免被人误解，遭人质疑。在面对不公、不顺、不敬时，保持从容，才能让正能量充满内心，才不会倒下。

古往今来能成就一番事业者，大多具有从容品质，最知道从容做人、处世、思想、行动……从容者不知匆促、慌乱、紧张、惊悚何来，亦不知贪婪、吝啬、狭隘、妒忌何为，对于小至蝇头小利、蜗角功名，大到至尊权柄、炙手利禄，"非不能争，不屑于争。"那些在人生道路上历经坎坷却仍然从容对待，不断取得成就的人，使人不禁油然而生敬意。

据史书记载：唐朝的一个督运官在监督运粮船队时，不幸因遇大风翻船粮食受到损失，时任巡抚的卢承庆在考核他的时候说："监运损失粮食，成绩中下。"督运官听到评价，一句话也没说，只是从容地笑了笑便退了出来。卢承庆对他的气度和修养颇为欣赏，就把他叫回来重新评估道："损失粮食非人力所能及，成绩中中。"督运官仍然没说什么惭愧的话，只是笑笑而已。卢承庆深为他的坦荡胸怀所感动，最后评价他："荣辱不惊，遇事从容，成绩中上。"

在浩如烟海的历史人物中，一个小小的督运官能引起人们的注意，并在唐书中专门为他记上这么一笔，不是因为别的，就是因为人们推崇他"荣辱不惊，遇事从容"的心态和修养。

从容就是像督运官那样怀揣一颗平常心，对名利之类看得很淡，一切顺其自然，处之泰然。

一句诗说得好："暮色苍茫看劲松，乱云飞渡仍从容。"乱云飞渡的劲松的从容，令人钦佩和赞美。人生也需要从容。

每一个人都是自己生命之舟的主人，当你驾驭生命之舟行进时，遇到滚滚激流或惊涛骇浪，这就需要从容撑舵，战

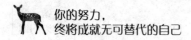
胜艰难险阻。只有从容才能造就恬淡的人生，才有坐怀不乱

的稳健，才有关键时刻巨大能量迸发的气势，才会拥有真正

精彩的人生。

第四章

优秀的人找方法，失败的人找借口

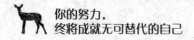

未来不会因为你的抱怨而变得更好一点

如果你想抱怨，那么，生活中的一切都能够成为你抱怨的对象，如果你不抱怨，生活中的一切就都会变得美好。一味地抱怨不但于事无补，反而还会使事情变得更糟。

有时候，我们不能很好地集中精力去做一件事，很大程度上是因为我们不能让自己拥有一个好的心情。

你可能有过这样的经历，在你心情很好的时候碰到一个家伙，他见面就说今天的天气有多么地糟糕，他的生活多么暗淡无光。这个时候，你的大脑会不由自主地随着他的所言进行思考。

结果，你脑中的画面也可能是一幅幅不愉快的景象。你

98

的心情也会因此变得莫名压抑。再下一次，你会尽量避开与这个家伙交流。

事实上，没有人愿意和一个喜欢抱怨的人做朋友。因为他从来就没有顺心的事，什么时候与他在一起，都会听到他在不停地抱怨。高兴的事他抛在了脑后，不顺心的事他总挂在嘴上。见到人就抱怨自己所谓的不如意，结果他把自己搞得很烦躁，同时把别人也搞得很不安，大家都对他避而远之。

但是，你仔细观察，会发现身边喜欢抱怨的人太多了。抱怨生活几乎成了一种乐趣，有时候甚至是一种宣泄。

跟朋友在一起时我们抱怨就开始了，而且脸拉得老长。有些朋友问发生了什么事，你说没事，这是假的，你更乐意倾吐你生活中所发生的一切不快的事情。然后你身边的人会受到影响，也开始抱怨"如果你认为那已经算糟糕了，那你听听我的糗事吧"，然后比赛抱怨的游戏开始变得激烈起来。

结果，一帮人都会对自己的生活感到悲伤、消沉、忧虑和绝望。这对他们以后的生活造成很大的不利影响。

抱怨是一种有害的情绪，又是人们最容易产生的情绪。抱怨为什么有害，是因为抱怨会让人产生消极的情绪，让人戴上有色眼镜看世界，抱怨会磨灭人的斗志，磨损人的动力。

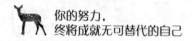

倾向于抱怨的人，总是会否认人存在的主观能动性，不能通过自我改造来适应世界和不断改造环境。他们容易认为环境因素是不可以改变的。倾向于抱怨的人总是会否认外界存在的有利因素，因为抱怨自动把有利的方面都屏蔽了，抱怨会让自我陷入自怨自艾中，掉入泥潭而最终伤人伤己。

如果你想抱怨，那么，生活中的一切都能够成为你抱怨的对象，如果你不抱怨，生活中的一切就都会变得美好。一味地抱怨不但于事无补，反而还会使事情变得更糟。

在《古兰经》中，有一个故事。一位大师经过几十年的修炼，终于练就一身"移山大法"。有一天，他宣布：明天早上我要当众表演"移山大法"，把广场对面的那座大山移过来。

消息像长了翅膀一样四处传开。果然，第二天一早，黑压压的人群开始聚集在广场上，等待观看大师的表演。时辰一到，只见穿戴整齐的大师口中念念有词，然后面对大山高喊："山过来，山过来！"半晌，他问人群："山是不是过来了？"人群中开始窃窃私语，有的说好像过来一点点，有的说好像没有。大师继续高喊，整整一个上午过去了，此时陆陆续续有人离开，也许他们觉得没有什么意思，甚至觉得此人可能是个骗子。

大师没有理会那些离去的人，继续高喊"山过来"，转眼间一个中午过去了，一个下午也过去了，已近黄昏。整天的高喊，大师的嗓子已完全沙哑。最后当他用嘶哑的声音问周围为数不多的人："山有没有过来？"此时大家异口同声地告诉他："大师，山真的没有过来。"听罢，大师开始做最后的努力。只听他口中边高喊："山过来！"边移动脚步，朝那座大山走过去。

最后，大师又问："山有没有过来？"人群中鸦雀无声。于是大师用他嘶哑的声音说："诸位，你们都看见了，我用了一整天的时间，用尽了我的全身力气叫'山过来'，山都不过来，怎么办？那我就只好过去了，山不过来，我就过去！"

山不过来，我就过去。道理何其简单啊！很多人一味地抱怨、发牢骚，却不想办法去行动，去努力改变，结果，事情永远不会因为你的抱怨而变得更好。

停止你的抱怨吧，世界并不是为你自己设计的。每个人都有自己不如意的地方。当你抱怨自己弹跳能力不好的时候，也许你会在大街上见到没有腿的人。当你抱怨这盘菜里有只苍蝇的时候，也许你会在路边与拾荒者擦身而过。当你抱怨

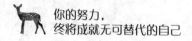

房子太大、家务太多的时候，也许你会在车站看见露宿街头的人。当你抱怨作业太多、工作太多的时候，也许你会看见失学儿童和下岗工人……

俗话说得好：愁一愁，白了头；笑一笑，十年少。不要抱怨，耶稣被钉在十字架上是全世界最黑暗的一天，可三天后就是复活节。一切的烦恼只要等待三天不就烟消云散了吗？

抱怨生活是件最容易做的事。可它只会对你造成伤害。它会抢走你所需要的一切并且使你的人生徘徊不前。

关注积极的事以及你想得到的东西，并朝着那个方向去努力，为你的进步喝彩，你将养成热爱生活的习惯，而不是终日怨天尤人。

优秀的人不抱怨，无能的人找借口

"没有任何借口"是西点军校奉行的最重要的行为准则，它强化的是每一位学员想尽办法去完成任何一项任务，而不是为没有完成任务去寻何借口，哪怕是看似合理的借口。

很多人在做一件事情不成功或者被批评的时候，总是会找种种借口，不停地抱怨别人，将所有的责任都推给别人。

其实，抱怨容易扼杀人的创新精神，让人消极颓废。它更是一剂鸦片，让你一而再、再而三地去品尝它，逐渐地让你变得心虚、懒惰，遇到困难就退缩，最终丧失执行的能力。无能的人最爱给自己找借口，而优秀的人从不抱怨。

同样一份工作，优秀的人懂得该如何努力，提升自己的

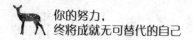
身价。而无能的人只懂得抱怨。当你抱怨的时候，应该知道前通用 CEO 韦尔奇说过："员工希望拥有高薪，这是很正常的一种心理，但是起码你先要告诉我支付你高薪的理由。"

齐瓦勃出生在美国乡村，只受过很短的学校教育。18岁时，齐瓦勃来到钢铁大王卡内基所属的一个建筑工地打工。当其他人在抱怨薪水太低而消极怠工的时候，齐瓦勃却默默地积累工作经验，并自学建筑知识。

一天晚上，同伴们在闲聊，只有齐瓦勃躲在角落里看书。那天恰巧公司经理到工地检查工作，经理看了看齐瓦勃手中的书，又翻了翻他的笔记本，什么也没说就走了。

第二天，公司经理把齐瓦勃叫到办公室，问："你学那些东西干什么？"

齐瓦勃说："我想我们公司并不缺少打工者，缺少的是既有工作经验又有专业知识的技术人员或管理者，对吗？"

经理点了点头。不久，齐瓦勃就被升任为技师。

有些打工者讽刺挖苦齐瓦勃，他却回答说："我不光是在为老板打工，更不单纯为了赚钱，我是在为自己的梦想打工，为自己的远大前途打工。我必须在工作中提升自己。我要使自己工作所产生的价值远远超过所得的薪水，只有这样我才能得到重用，才能获得机遇！"

抱着这样的信念，齐瓦勃一步步升到了总工程师的职位上。25 岁那年，齐瓦勃做了这家建筑公司的总经理。

卡内基的合伙人琼斯是个天才工程师，在建筑公司最大的布拉德钢铁厂时，他发现了齐瓦勃超人的工作热情和管理才能。当时身为总经理的齐瓦勃，每天都是最早来到建筑工地。琼斯问齐瓦勃为什么总来这么早，他回答说："只有这样，当有什么急事的时候，才不至于被耽搁。"工厂建好后，琼斯推荐齐瓦勃做了自己的副手，主管全厂事务。两年后，琼斯在一次事故中丧生，齐瓦勃便接任了厂长一职。

因为齐瓦勃天才的管理艺术及认真的工作态度，布拉德钢铁厂成了卡内基钢铁公司的灵魂。因为有了这个工厂，卡内基才敢说："什么时候我想占领市场，市场就是我的，因为我能造出又便宜又好的钢材。"几年后，齐瓦勃被卡内基任命为钢铁公司的董事长。

可见，只要你兢兢业业地工作，在别人抱怨工资微薄的时候，默默地提升自己的能力，那么高薪也就会自然而然地来临。

美国西点军校里有这样一种广为流传的悠久传统，就是

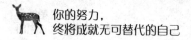

遇到军官问话,只有四种回答:"报告长官,是!"、"报告长官,不是!"、"报告长官,不知道!"、"报告长官,没有任何借口!"除此之外,不能多说一个字。"没有任何借口"是西点军校奉行的最重要的行为准则,它强化的是每一位学员想尽办法去完成任何一项任务,而不是为没有完成任务去寻何借口,哪怕是看似合理的借口。

"没有任何借口"其目的就是为了让学员停止抱怨,努力提升自己。面对失败,如果将下一步的工作做好了,失败就可以成为成功之母,这样一来,失败的借口就不用找了。

优秀的人从不抱怨,失败的人永远在寻找借口,当你不再为自己的失败寻找借口的时候,你离成功就不远了。

人可以不伟大，但不能没有责任心

抱怨就是为了推脱责任或让别人替自己承担责任，这样的人很难指望他们成大器、成大业。责任有多大，世界就有多大。那么，就请停止抱怨吧，这样，你的人生才能拥有一个更宽广的天地。

有人去问一个亿万富翁："你的钱几辈子也花不完，为什么还要不停地工作？"富翁回答说："不为什么，就为了身上那份沉甸甸的责任。"

责任所折射的不仅是一个人的意识、良知、思想境界和价值观，还有一个人的能力。爱抱怨的人常常害怕承担责任，他们没有任何担当，唯恐连累自己。而敢于负责的人从不抱

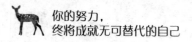

怨，一个极具责任心的人，往往也是一个极具能力的人。这样的人做事执着，更能发现和把握住机会。

　　一家大型公司要裁员了，杰莉和露茜都不幸上了被解雇名单并被通知一个月之后离职。两个人都在公司待了近十年。杰莉回家后，一整夜没有睡着，第二天更是十分气愤，逢人就大吐冤情："我在公司待了这么多年，平时兢兢业业，没有功劳也有苦劳，凭什么解雇我呢？"刚开始的时候，其他同事出于同情，还安慰她几句，可杰莉老是唠唠叨叨，就让人烦了。她还含沙射影，说自己被解雇，是遭人陷害，看谁都不顺眼，对谁都没有好脸色，闹得大家都怕碰到她，见她来了就远远躲开或绕道而行。

　　不仅如此，杰莉还把气发泄在工作上："反正我在这儿只有一个月，干好干坏一个样，不如干坏一点，让陷害我的人遭受损失，让老板遭受损失。"结果，她的工作做得相当糟糕。

　　露茜在看到自己的名字上了被解雇名单后，也难过了一晚上，但她的态度和杰莉截然不同："既然只有一个月的时间了，不如给大家留下个好印象。"她没有向任何人提自己被解雇的事，别人偶尔提起时，她也只说自己能力不足，应该淘汰。她还逢人就道别："再过些日子，我就要走了，不能再与你们共事了，请多保重。"大家见她这么重感情，反而更亲近她，这让她的心情好了很多。在工作上，露茜的想法是："在岗一天就应该负责任一天，给公司、老板和同事留下一些美好的回忆，即使我走了，也会有人夸我、想念我。"

一个月很快到了，杰莉如期离职，露茜却被老板留了下来。老板说："像露茜这样对工作认真负责的员工，正是我们需要的，我们怎么舍得她离开呢？"

一位成功学家说：生活总是会给每个人以回报的，无论是荣誉还是财富，你的责任有多大，你的事业就会有多大。

微软总裁比尔·盖茨曾对他的员工说："人可以不伟大，但不可以没有责任心。"在这个世界上，每个人都扮演着不同的角色，每一种角色都承担着不同的责任，比如对家庭的责任、工作的责任、企业的责任、社会的责任等，但是，在生活和工作中，我们会经常听到这样或那样的抱怨。比如，上班不准时，会有路上堵车了、家里有事等借口；业绩拓展不理想，会有"大环境不好"、"业主太刁难"、"政策不对路"或"我已经尽力了"等借口……一句话，工作不尽心开始抱怨，事情做砸了也抱怨，任务没完成还抱怨。

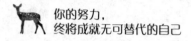

　　其实，推究其深层次的原因，还是缺乏责任心。抱怨就是为了推脱责任或让别人替自己承担责任，这样的人很难指望他们成大器、成大业。责任有多大，世界就有多大。那么，就请停止抱怨吧，这样，你的人生才能拥有一个更宽广的天地。

把幸福握在自己手中

这个世界往往就是这样，有些人残酷地拒绝了幸福，还在愤愤地抱怨着，认为祥云从未飘过他的天空。其实幸福与不幸很多时候都是我们自己造成的，不是别人替你决定的。

禅语曰：在世界上，没有一个人生来就注定要享受幸福，也没有一个人天生就没有丝毫幸福和快乐。幸福还是不幸福，要靠自己去找，怨天尤人和守株待兔是没有用的。

在月色朦胧的深夜，靠海的山洞里，一个老和尚正在盘膝打坐。他突然听到了几声哭泣，声音好像来自于山脚下的海边，而且哭泣的人是一个年轻的女子。这么深的夜了，情况肯定非同寻常！于是，老和尚从蒲团上站起，急忙向海边

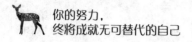

奔去。

果然，月色当空，海边高高的岩石上，静坐着一个白色的身影。就在老和尚即将抓住那女子的衣袖之际，那女子纵身一跃，跳进海中。幸好老和尚会一些水性，几经挣扎，几度沉浮，才将她救上了岸。然而，被老和尚救活之后，年轻女子不但不感激，反而一脸的忧伤，埋怨老和尚多管闲事！

老和尚问她："年纪轻轻为何要选择轻生之路？"年轻女子喃喃说道："这里是我的美梦开始的地方，所以也应该在这里终结……"

原来，三年前，就在风光旖旎的普陀山，波浪层叠起伏的海滨，一切都如梦似幻。她与一个前来旅游的年轻人不期而遇，两年前，他们爱情的结晶——一个像夏日的阳光一样灿烂的儿子出世了。然而，一年前，那个渴望让自己和她共度人生夕阳的爱人，却因一次公差不幸殉职。她日夜不停地哭泣，真好像天塌下来一样难以承受。但这还不是最后的苦难。让她痛心不已的是，他们活泼可爱的宝贝儿子，也因疾而亡。

"我一个女子，没了丈夫，没了儿子，再也没有了幸福，活在世上还有什么意思？所以……"年轻女子泣不成声，悲痛欲绝。然而，老和尚不但没有开导她、安慰她，反而放声大笑："哈哈……"

女子被他莫名其妙地笑愣了，不知不觉停止了哭泣。老和尚笑够了，问女子："三年前，就在此地，你有丈夫吗？"女子摇摇头。"三年前，你上普陀山时，你有儿子吗？"女子再次摇头。"那么，你现在不是与三年前一模一样了吗？那时，你独自一人来到岛上，是来自杀的吗？"女子愣住了。

老和尚说："三年前，你既无丈夫，又没儿子，一人来到这里。现在，你与三年前一模一样，仍是独自一人。今天，就像三年前那一天的延续，只不过是还原了一个你自己。所以，为什么不能重新开始？你增长了人生阅历，或许有更美好的生活在等着你。"

女子道："我还可以吗？"

"当然可以！"老和尚斩钉截铁地说。

"我还可以获得幸福！我还……"女子像是发现了新大陆似的，一路狂奔似的下了山。

怨天尤人和自艾自怜都无法带给自己幸福，幸福只能靠自己去找。在许多时候，幸福是可以把握的。关键在于，你是否能够在恰当的时机果断地伸出你的双手。

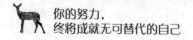

有一个牧师初逢一女子，憔悴如故纸。她无穷尽地向牧师抱怨着生活的不公，刚开始牧师还有点儿不以为然，但很快就沉入她洪水般的哀伤之中了。

"从刚开始，我就知道自己这辈子不会有好运气的。"她说。

"你如何得知的呢？"牧师问。

"我小时候，一个道士说过——这个小姑娘面相不好，一辈子没好运的。我牢牢地记住了这句话。当我找对象的时候，一个很出色的小伙子爱上了我。我想，我会有这么好的运气吗？没有的。就匆匆忙忙地嫁了一个酒鬼，他长得很丑，我以为，一个长相丑陋的人，应该多一些爱心，该对我好。但霉运从此开始。"

牧师说："你为什么不相信自己会有好运气呢？"

她固执地说："那个道士说过的……"

牧师说："或许，不是厄运在追逐着你，而是你在制造着它。当幸福向你伸出双手的时候，你把自己的手掌藏在背后了，你不敢和幸福击掌。但是，厄运向你一眨眼，你就迫不及待地迎了上去。看来，不是道士预言了你，而是你的不自信引发了灾难。"

她看着自己的手，迟疑地说："我曾经有过幸福的机会吗？"牧师无言。

这个世界往往就是这样，有些人残酷地拒绝了幸福，还在愤愤地抱怨着，认为祥云从未飘过他的天空。其实幸福与不幸很多时候都是我们自己造成的，不是别人替你决定的。

在世界上，没有一个人生来就注定要享受幸福，也没有一个人天生就没有丝毫幸福和快乐。幸福还是不幸福，这并不是绝对存在的。有时候幸福就在你的面前，只是你将它忽视了。总之，幸福不能等待，要把幸福握在自己手中，而那些坐等幸福的人则永远也不会得到幸福的眷顾。

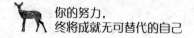

成功开始于你的想法，圆梦取决于你的行动

> 平庸而碌碌无为的人可怜，才华横溢却一事
> 无成的人可恨。出现这样的悲剧，最主要的原因
> 在于他们空有理想，却缺乏实际行动，或者行动
> 不坚决、做事半途而废。

在你生活的周围，你总会发现这样的人：他们总是抱怨上天不公平、老板不公平，他们将自己的不成功全部推给别人。

可是，你却从来没有见过他们为了自己的目标去行动。老板布置的工作，他们往往拖到明天；安排他们做点体力活儿，比如打扫房间、清理门窗之类的，他们迟迟不会行动；他们似乎很关心自己的健康，拟定了一个又一个的健身计划，却从不见他们参加体育锻炼；事事都等到"明天再说吧"！等他们走到人生终点的时候，才发现所有的美景都已变成过眼云烟。这一切是他们自己一手造成的。下面这个故事很深刻地说明了这一点。

深夜，一个生命垂危的病人走到了生命的最后一刻，死神出现了。病人向死神乞求说："求你再给我一分钟好吗？我想利用这一分钟来看看天、地以及我的那些亲朋好友。当然，如果我运气好的话，我也许还能够看到一朵正在绽放的花朵。"说完，他一脸乞求地望着死神。

"的确，你的想法非常好，不过我却不能答应你。因为，我都已经给过你足够的时间，让你去欣赏这一切，但你却没有像现在这样珍惜。你要是不服气的话，我可以读一读你的生命账单：在你六十年的生命里，你用了二分之一的时间睡觉；剩余的三十年，你总是想办法拖延时间；你平均每天都会抱怨2～3次时间过得太慢。你上学时，总是拖延着不想走进教室；成人之后，你从来不为自己的目标去行动，你又总是以赌博、喝酒、看电影、看电视等方式来虚度光阴……"死神的账单还没有念完，病人就已经去世了。死神感叹地说："如果你活着时，能节约一分钟，那么，你就能听完我为你

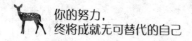

记下的账单了。"

生活中，才华横溢的人很多，碌碌无为的人更多。

平庸而碌碌无为的人可怜，才华横溢却一事无成的人可恨。因为，他们有能力有条件去做一些事情，最终却抱怨上天没有给他们成功的机会。出现这样的悲剧，最主要的原因在于他们空有理想，却缺乏实际行动，或者行动不坚决、做事半途而废。

培根曾说过："好的思想，尽管得到上帝赞赏，然而若不付诸行动，无异于痴人说梦。"真正成功的人，并不在于有多好的想法、多好的智谋，而是在于果断地行动，不要害怕失败。只有付出了行动，才能验证自己的想法到底是否正确。虽然，行动的过程或许充满艰辛，或许会遭遇失败，但那又何妨，你不行动，又怎能知道自己能不能成功呢？

成功开始于你的想法，圆梦取决于你的行动。一千次的抱怨不如一个行动。积极的人生应该是勇于行动，而不是一味地抱怨。

在一次演讲活动中，杰克·坎菲尔德拿出一张面额 100 元的美钞，说："这里有 100 美元，谁想得到它？"

这时候，屋子里所有的人都举起了手。但杰克坐在那里，手里一直举着那 100 美元，他又问了一句："有谁真的想得到这 100 美元吗？"

一分钟后，有人从座位上站了起来，走到杰克跟前，等着杰克把这 100 美元递到他的手上。可是，杰克还是没有动。

终于，另一个人走上前来，从杰克手里抢走了这 100 美元。

这时，杰克对现场所有的观众说："他刚才的所作所为和其他人有什么不同吗？答案就是，他离开了座位，采取了行动。"

只想不做，一无所获。只有行动才能缩短自己与目标之间的距离，才能拥有幸福的人生！身体力行永远胜过怨天尤人。除非你开始行动，否则，你纵然再抱怨，也无法改变事情的结果。机会是在行动中被创造出来的，坐以待毙永远没有机会！

一次行动胜过一千次的抱怨。让自己行动起来，让自己的人生积极起来。

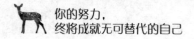

永远别对自己说 "我不能"

逆境并不能自发地造就人才，也不是所有身处逆境的人都能有所作为。只有身处逆境却不去抱怨，而是积极行动，将抱怨踩在脚下，才能有所成就。

有人曾经做过这样一个实验：他往一个玻璃杯里放进一只跳蚤，发现跳蚤立即轻易地跳了出来。又重复几遍，结果还是一样。根据测算，跳蚤跳起的高度一般可达它身体的400倍以上，于是跳蚤成为动物界的跳高冠军。

接下来实验者再次把这只跳蚤放进杯子里，不过这次放进后立即在杯子上加了一个玻璃盖，跳蚤跳起来后重重地撞在玻璃盖上。跳蚤十分困惑，但它不会停下来，因为跳蚤的生活方式就是"跳"。一次次跳起，一次次被撞，跳蚤开始变得聪明起来了，它开始根据盖子的高度来调整自己所跳的高度。后来，这只跳蚤再也没有撞击到这个盖子，而是在盖子下面自由地跳动。

一天后，实验者开始把这个盖子轻轻拿掉，跳蚤不知道盖子已经去掉了，它还在原来的这个高度继续地跳。三天以后，这只跳蚤还在那里跳。一周以后，这只可怜的跳蚤还在玻璃杯里不停地跳着——现在它已经无法跳出这个玻璃杯了。

作为动物界的跳高冠军，跳蚤能跳出这个杯子吗？它当然能！只是它在经历了多次的挫折后，已在心里默认了这个"高度"，认为自己遇到了永远无法战胜的困难。它暗示自己：成功是不可能的，它是不可能跳出去的。于是，它被困难压倒了，以至于失去了追求自由的勇气。

而与跳蚤同样遭遇不幸的驴子的结局却与此有着天壤之别。

有一天，某个农夫的一头驴子不小心掉进一口枯井里，农夫绞尽脑汁想办法救出驴子，但几个小时过去了，驴子还在井里痛苦地哀嚎着。最后，这位农夫决定放弃，他觉得这头驴子年纪大了，不值得大费周章去把它救出来，不过无论如何，这口井还是得填起来。于是农夫便请来左邻右舍帮忙

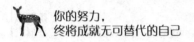
一起将井中的驴子埋了，以免除它的痛苦。农夫和邻居们人手一把铲子，开始将泥土铲进枯井中。当这头驴子了解到自己的处境时，嚎叫得很凄惨。

但出人意料的是一会儿之后这头驴子竟然安静下来了。农夫好奇地探头往井底一看，出现在眼前的景象令他大吃一惊：当铲进井里的泥土落在驴子的背部时，驴子的反应令人称奇——它将泥土抖落在一旁，然后站到铲进的泥土堆上面！

就这样，驴子将大家铲在它身上的泥土全数抖落在井底，然后再站上去。很快地，这只驴子便得意地升到井口，然后在众人惊讶的表情中快步地跑开了！

科学家贝弗里奇说："人们最出色的工作往往是在处于逆境的情况下做出的。"因此可以说，逆境是成就幸福人生的一种特殊环境。

当然，逆境并不能自发地造就人才，也不是所有身处逆境的人都能有所作为。只有像驴子那样，身处逆境却不去抱怨，而是积极行动，将抱怨踩在脚下，才能有所成就。而跳蚤却对自己说"我不能"，从而失去了向上的动力，又怎能突破自己呢？

所以说，人生中千万别对自己说"我不能"这三个字，而要将困难和抱怨踩在脚下，才能走出人生的新天地。

积极是一种心态，消极是一种心病

积极是一种心态，消极是一种心病。无论任何时候，我们都抱有一颗积极的心态，并朝着自己人生的目标去努力，而不是抱着消极的心态，终日怨天尤人。

积极的心态，会让人拥有无穷的动力，哪怕失败，也绝不会轻易放弃，他们懂得，成功就在前方不远的地方，只有坚持，终会有成功的那一刻。我们先来看一个故事，看看积极的心态对于人生有多么地重要。

在 1832 年，当时他失业了，这显然使他很伤心，但他下决心要当政治家，当州议员，糟糕的是他失败了。在一年里遭受两次打击，这对他来说无疑是痛苦的。

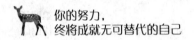
他着手自己开办企业，可一年不到，这家企业又倒闭了。在以后的 17 年间，他不得不为偿还企业倒闭时所欠下的债务而到处奔波，历尽磨难。

他再一次参加竞选州议员，这次他成功了。他内心萌发了一丝希望，以为自己的生活有了："可能我可以成功了！"

第二年，即 1835 年，他订婚了，但离结婚还差几个月的时候，未婚妻不幸去世。这对他精神的打击实在太大了，他心力交瘁，数月卧床不起。在 1836 年他还得过神经衰弱症。

1838 年他觉得身体状况良好，于是决定竞选州议会仪长。可他失败了。1843 年，他又参加竞选美国国会议员，但这次仍没有成功。

要是你处在这种情况下，会不会放弃努力？他虽然一次次地尝试，但却是一次次地遭受失败：企业倒闭，情人去世，竞选败北。要是你碰到这一切，你会不会放弃——放弃这些对你来说是重要的事情？

他没有放弃，他也没有说："要是失败会怎样？" 1846 年，他又一次参加竞选国会议员，最后终于当选了。

两年任期很快过去了，他决定要争取连任。他认为自己作为国会议员表现是很出色的，相信选民会继续选举他。但结果很遗憾，他落选了。

因为这次落选他赔了一大笔钱，他申请当本地的土地官员。但州政府把他的申请退了回来，上面指出："作本州的土地官员要求有卓越的才能和超长的智力，你的申请未能满足这些要求。"

接连又是两次失败。在这种情况下，你会继续努力吗？你会不会说："我失败了？"

然而，他没有服输。1854 年，他竞选参议员，但失败了；两年后他竞选美国副总统提名，结果被对手击败；又过了两年，他再一次竞选参议员，还是失败了。

这个人尝试了 11 次，可只成功了 2 次。要是你处在他这种处境，你会不会早就放弃了呢？

这个在 9 次失败的基础上赢得 2 次成功的人便是阿伯拉罕·林肯，他一直没有放弃自己的追求。他一直在做自己生活的主宰。1860 年，他当选为美国总统。

在生活中、工作中，我们每个人都需要这种积极的心态，才会无论遇到什么事都能处之泰然，人生的路才会越走越宽。生活的景色才会越来越美，生命的价值才会越来越大。

事实上，能保持一个积极心态的人并不多，很多人喜欢

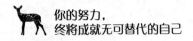
抱怨。你仔细观察，会发现身边喜欢抱怨的人太多了。抱怨生活几乎成了一种乐趣，有时候甚至是一种宣泄。

跟朋友在一起时我们抱怨就开始了，而且脸拉得老长。有些朋友问发生了什么事，你说没事，这是假的，你更乐意倾吐你生活中所发生的一切不快的事情。然后你身边的人会受到影响，也开始抱怨"如果你认为那已经算糟糕了，那你听听我的糗事吧"，然后比赛抱怨的游戏开始变得激烈起来。

结果，一帮人都会对自己的生活感到悲伤、消沉、忧虑和绝望。这对他们以后的生活造成很大的不利影响。

消极是一种有害的情绪，又是人们最容易产生的情绪。消极情绪会磨灭人的斗志，磨损人的动力。倾向于抱怨的人，总是会否认人存在的主观能动性，不能通过自我改造来适应世界和不断改造环境。他们容易认为环境因素是不可以改变的。

当你消极的时候，生活中的一切都能够成为你抱怨的对象，如果你不抱怨，生活中的一切就都会变得美好。一味地抱怨不但于事无补，反而还会使事情变得更糟。

俗话说得好：愁一愁，白了头；笑一笑，十年少。不要让消极害苦了你，耶稣被钉在十字架上是全世界最黑暗的一天，可三天后就是复活节。一切的烦恼只要等待三天不就烟消云散了吗？

积极是一种心态，消极是一种心病。无论任何时候，我们都抱有一颗积极的心态，并朝着自己人生的目标去努力，而不是抱着消极的心态，终日怨天尤人。

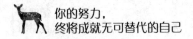
你的不顺，正是你成长的时机

> 生活中，总会有顺境，也会有逆境，当你觉
> 得世界亏待了自己，更应该学会调整自己，让自
> 己变得更优秀。因为你的不顺，正是你成长的时
> 机！

生活中，总有些人喜欢将自己的人生不幸归结为外界的
原因。

要么埋怨命运，怨自己时运不济，命途多舛；要么抱怨
生活不公，自己天生没得到一副好牌——没有显赫的家庭背
景，没有超常的智力，没有靓丽的外表；要么感叹造化弄人，
让自己遇人不淑，以致历尽坎坷，使得自己的人生一败涂地。
总之，他们觉得整个世界都亏待了自己。

其实，一个人没有必要怨天尤人，更不应感叹命运不公。纵使你天生就拿到一副好牌，这也不能保证你人生的棋局会步步顺畅，也未必能保证你在生活的博弈中就稳操胜券。好的人生棋局，要靠自己步步为营，努力去争取，幸福的生活，更要靠自己用心去经营。

有一位女士，身材瘦小，相貌平平，家世普通，受的教育不过是大专，但她却将自己的人生布局得精彩纷呈，将自己的生活经营得幸福美满。女儿孝顺懂事，乐观上进；老公相貌堂堂，事业有成，对她更是尊重疼爱有加。

像他老公这样成功有型的男人在外面打拼，身边自是美女如云，向他抛媚眼献殷勤的更不在少数，对他动心动情的也不乏其人。而他身边的成功人士，有的有"小三"甚至有"小四"。更有铁哥们劝他想开点，要懂得享受生活，不要总是守着家里的黄脸婆。身处复杂的环境，面对形形色色的诱惑，他始终坚守自己的原则，这么多年来他不曾越雷池一步，始终把她当作手心里的宝。

朋友曾打趣该女士说："你老公这么出色，小心被外面的狐狸精勾引走了。"该女士却自信满满地说："我虽其貌不扬，但好歹也进得厨房，出得厅堂，品得书香，能写文章；

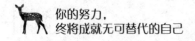

上孝敬高堂，下能教好儿郎，他还能怎样？"

确实，事实正如该女士所言，她既是一位贤妻良母，又是一个心地善良、勤劳肯干、乐观向上、懂得经营生活的人。平日里她在经营好小家、在相夫教子上下足了功夫，更注重打造自身，提升自己的内涵修养。

在单位改制下岗后，她完全可以过着悠闲的阔太太生活，但她却还是凭一己之力，经营起一家服装店，且生意做得红红火火。许多人都不解地说："你老公那么能干，你家条件那么好，你何苦那么辛苦？"她说："作为一个女人要有自己的目标和追求，切不可身处优越的环境中而丧失了自我，忘记发掘自身的价值。"

她在追求经济和人格独立的同时，更注重内外兼修。平时空闲时间除了看书，就是写作，偶尔在报纸杂志上也发表小文章。时刻不忘汲取知识的营养，时刻不忘提升自己内在的素养。在这样一个人心浮躁的时代，许多人沉溺于吃喝玩乐享受，热衷于追逐人世的浮华，又有多少人能沉下心认真向学，静心思考？而她全然不顾尘世的纷纷扰扰，怡然沉浸于知识海洋。

当然，在注重修心养性的同时，她也非常注重外在形象，时尚得体的装扮，优雅的举止，彬彬有礼地待人接物，更提升了她的个人形象。

她在经营好自己的小家、经营好自身的同时，更不忘经营好大家。她对自己父母长辈自是无话可说，对她老公的家人更是无可挑剔。婆家在农村，逢年过节看望老人自不必说，平日总是抽出时间对老人嘘寒问暖，老人小灾小病的，带着看病，不辞辛劳地照顾。老公的兄弟姐妹有困难，她总是义不容辞尽力帮忙。亲戚朋友对她是赞不绝口，邻里左右更是对她刮目相看。

她的热情上进，她的知书达理，她的宽容豁达，她的温良贤慧，怎能不让老公感怀在心？纵使外面的女人貌美如花，柔情似水，在他眼里也不过如此而已，怎敌贤妻的知冷知暖，贴心贴肺？家中无后顾之忧，他得以安心在外打拼，事业更是蒸蒸日上；家有贤内助帮衬，这让他事业发展是如虎添翼。自然地，他们小家的幸福生活是芝麻开花节节高。

其实，用世俗的观点来看，我这位女友没有任何先天优势，相貌平平，家世寻常，智力普通，但她却靠勤劳的双手、聪慧灵敏的心灵，经营出自己幸福美满的生活。

实际上，不管现实生活怎样，我们每一个人都不应怨天

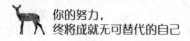
尤人，不要总觉得这个世界亏欠于你，不要总觉得别人有负于你。生活中，总会有顺境，也会有逆境，当你觉得世界亏待了自己，更应该学会调整自己，让自己变得更优秀。因为你的不顺，正是你成长的时机！

世界不曾亏待任何人，你的幸福与否，其实一直握在自己的手中。

第五章

你可以不成熟，但不能不成长

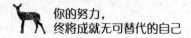
学会适应人生的"不公平"

是的，人生是不公平的。与其抱怨、叹息、消沉，不如勇敢地面对、接受上苍给你的不公平，从不公平的包围圈中找到缺口，用坚强和努力突出重围，把不公平甩在身后！

生活中，我们经常听人抱怨："这太不公平！"那么，人生是不是公平的呢？看一看我们周围的世界，你就会发现，世界并不是根据公平的原则而创造的。譬如，鸟吃虫子，对虫子来说是不公平的；蜘蛛吃苍蝇，对苍蝇来说是不公平的；豹吃狼、狼吃獾、獾吃鼠、鼠又吃……这说明在自然界里，弱肉强食是客观规律，没有什么公平可言。再看看人类社会吧，有些人出生在富贵之家，锦衣玉食，前途无忧；有些人则出身贫寒，竭尽全力，却活得非常挣扎。报纸新闻上报道的飓风、海啸、地震的新闻，对于生活在灾区的人来说，世界更是不公平的。

面对这样一个充满不公平的世界，我们该怎么办？是整天自怨自艾、唉声叹气，在满腹牢骚中度过一个又一个灰暗的日子吗？不！既然人生本身就是不公平的，那么，我们就应该鼓起勇气，接受它，适应它，战胜它！

马亮和周磊是好朋友，他们同年出生在山脚下的一个村子里，然后一起上学、一起成长。18岁那年，他们报名参军，被同一辆列车拉进同一所军营。新兵训练结束后，他们一起被分到连队当卫生员，经过努力学习，他们一起考上了军医大学。大学期间，他们在同一个班，品学兼优，都颇受老师的喜爱。在经过这样一段几乎平行的人生轨迹之后，他们的命运却开始向不同的方向倾斜。

大学毕业后，马亮服从分配，到了人迹罕至的边防哨所做军医。周磊却因为"有关系"分到S市的大医院里，身边医学名家云集。马亮的朋友愤愤不平地说："你和周磊条件相当，分配的结果却天上地下，真是太不公平了！"马亮笑了笑，什么也没说，就背起了远行的背包。

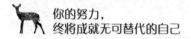
两年过去了，当马亮为买一本医学专著而不得不搭车跑几十里到城里的书店寻找时，周磊正接受权威专家的点拨调教；当马亮为如何省下一点生活费而精打细算时，周磊正在繁花似锦的公园里与女孩子亲密约会。这之后，马亮被抽调去了前线，周磊则进京读研。

在炮声隆隆的前线，马亮在野战医院负责救治伤员，他的应急救治能力得到快速提升。当然，他最大的收获在于，懂得了珍惜，练就了坚韧。而忙于花前月下的周磊，却有点忘乎所以，飘飘然起来，结果考试多科不及格，被迫留级，女友也因为他"不争气"离他而去。

从前线归来，马亮被分配到一所小医院工作，虽然条件简陋，但他更加努力，也因此得到了一名女军医的芳心。后来，她成了马亮的妻子。渐渐地，马亮成了当地小有名气的外科大夫。35岁那年，马亮考研成功，这之后，幸运之门似乎一下子向他敞开了：科研成果丰硕，免试直读博士……也正是这一年，周磊的好运似乎走到了头：考博失败，科研成绩垫底，手术不慎引起医疗纠纷，渐渐淡出科主任的视野，沦为科里的边缘人物。有一天，科主任当着全科的面隆重介绍新来的副主任——马亮。周磊目瞪口呆……现在的马亮，已是蜚声全国的外科专家。

相比于发小周磊，大学毕业后的一段时间，人生何其不公平！但面对命运的不公平，马亮没有抱怨，没有放弃，而是选择了承受和坚持。他从基层做起，到前线历练，最终攀上了自己的人生高峰。正如新东方总裁俞敏洪说的："这个世界是不公平的，抱怨不抱怨都一样，关键是你为这个不公平做了什么？"像马亮那样，接受不公平的现在，坚持努力，才能迎来公平的未来。

80后刘伟，在10岁的时候，因为触电失去了双臂，断送了他长大后当一名足球运动员的梦想。伤愈后，坚强的刘伟改练游泳。12岁那年，他进入北京残疾人游泳队，两年后在全国残疾人游泳锦标赛上夺得两金一银。命运似乎朝刘伟露出微笑，他重新有了自己的梦想，那就是在残奥会上为国夺金。谁知厄运又来纠缠，刘伟患上了过敏性紫癜。医生警告说，必须停止训练，否则危及生命。刘伟的父母流下了痛苦的眼泪，认为这孩子废了。

谁知道，小刘伟展现出了无比的坚韧，他又开始练习用脚弹钢琴。练琴的艰辛超乎了常人的想象。由于大脚趾比琴键宽，按下去会有连音，并且脚趾无法像手指那样张开弹琴，

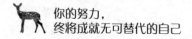
刘伟硬是琢磨出一套"双脚弹钢琴"的方法。每天七八个小时，练得腰酸背疼，双脚抽筋，脚趾磨出了血泡。三年后，刘伟的钢琴水平达到了专业七级。

在《中国达人秀》的舞台上，刘伟演奏了一首《梦中的婚礼》，全场静寂，只闻优美的旋律。曲终，全场掌声雷动，因为他是当之无愧的生命强者。2012年，刘伟又登上了维也纳金色大厅。刘伟用自己的行动诠释了青春，诠释了坚强。他被评为2012年度"感动中国十大人物"。"我的人生中只有两条路，要么赶紧死，要么精彩地活着。"这掷地有声的话语，就是刘伟的座右铭。

从10岁开始，命运跟刘伟接二连三地开起了残酷的玩笑。但刘伟没有抱怨人生的不公平，而是选择不断改变人生航向，与命运做着决绝的抗争，最终见到了绚丽的人生彩虹。谚语说：上帝为你关上一扇门，必然会为你打开另一扇窗。只要你有足够的韧劲，你就能战胜所有的"不公平"。

是的，人生是不公平的。与其抱怨、叹息、消沉，不如勇敢地面对、接受上苍给你的不公平，从不公平的包围圈中找到缺口，用坚强和努力突出重围，把不公平甩在身后！

做人有点"心机"，才能保护自己

正所谓"害人之心不可有，防人之心不可无"。

如果你做人没有一点心机，被别人欺骗，吃大亏，

你不必埋怨别人太卑鄙，只能说自己做人太单纯、

太没有心机。

生活中，总是有一些胸无城府的人，他们肚子里搁不住心事，有一点点喜怒哀乐都想找个人谈谈，更有甚者，不分时间，对象，场合，见什么人都把心事往外掏，可以说，一点心机都没有。

文学大师李敖先生在文章《好人坏在哪里》中写到这样的文字："我们从小就被教育做好人、训练做好人，长大以后，有的自信是好人、有的自许是好人、有的自命是好人，他们

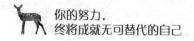
从小到老、从老到咽气，一直如此自信、自许或自命，从来不疑有他。但是，好人、好人，他们真是好人吗？深究起来，可不见得。"

大师讲道，因为好人太单纯，他们只想独善其身，不敢也不愿与坏人较量，结果总是受坏人欺负。

其实，一个人诚实没有错，但如果太过诚实，对别人没有丝毫的防备之心，这样结果往往是吃亏的。难道诚实错了吗？当然没有！只是社会太复杂，你尽管可以让自己诚实，但同时也要提防被人欺诈，被人骗。也就是说，在生活中，我们应该诚实，但不能被别人当傻瓜戏弄；我们可以坦诚自己的想法，但并不要让别人认为我幼稚。总之，内心还是要有一点"心机"的。

中国古代大哲学家荀子在论人性时说，"人之性恶，其善者伪也"。什么意思呢？就是说人的品性如果看起来是善的，那可能是努力扮成这样的，因为人性本来是恶的。这就是荀子的人性本恶论。同时告诉人们，做人要有点心机，才能保全自己。

从前，有一个地方住着一只蝎子和一只青蛙。蝎子想过池塘，但不会游泳。于是，它爬到青蛙面前央求道："劳驾，青蛙先生，你能驮着我过池塘吗？"

"我当然能。"青蛙回答，"但在目前情况下，我必须拒绝，因为你可能在我游泳时蜇我。"

"可我为什么要这样做呢？"蝎子反问，"蜇你对我毫无好处，因为你死了我就会沉没。"

青蛙虽然知道蝎子是多么狠毒，但又觉得它说得也有道理。青蛙想，也许蝎子这一次会收起毒刺，于是就同意了。蝎子爬到青蛙背上，它俩开始横渡池塘。就在它们游到池塘中央时，蝎子突破弯起尾巴蜇了青蛙一口。伤势严重的青蛙大喊道："你为什么要蜇我呢？蜇我对你毫无好处，因为我死了你就会沉没。"

"我知道。"蝎子一面下沉一面说，"但我是蝎子，我必须蜇你。这是我的天性。"

俗话说："江山易改，本性难移。"小人当然也是这样，在一些交际场合，看起来大家都在谈笑风生，殊不知，很多时候却激流暗涌，一些看不到的较量也在不动声色地进行着。正所谓"害人之心不可有，防人之心不可无"。如果你做人没有一点心机，被别人欺骗，吃大亏，你不必埋怨别人太卑鄙，只能说自己做人太单纯、太没有心机。

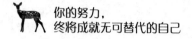
在《世说新语》中，有这样一则故事：曹操吩咐手下为他修建一座花园，落成后曹操亲自去察看，手下问他是否满意，他不置褒贬，只取笔于门上书一'活'字而去。人们都不理解他到底是什么意思，唯杨修聪明过人，领会到了曹操的意图："'门'内添一'活'字，乃'阔'字也，丞相嫌园门阔耳。"于是他的属下动手把园门缩小了。曹操再次来看非常高兴，便问是谁知道他的意图，左右回答说是杨修。疑心病很重的曹操，对准确领会自己意图的杨修表示赞赏，可内心生忌，所以，杨修并未得到曹操的重用提拔。

还有另外一次，有人款待曹操一杯酪，曹操吃了一点，便在上面写一'合'字让大家看，人们都不明白到底是什么意思，轮到杨修，杨修便吃了一口，说："主公让我们每人吃一口，这没有什么可怀疑的。"虽然曹操当时没怎么样，但他对杨修的戒心日益加重，而且还产生了除掉杨修的想法。

后来，在一次战斗中，曹操被蜀军围困于斜谷，进退两难，便"有感于怀"。以"鸡肋"为口令。杨修知道了曹的心思，就吩咐随行军士收拾行李准备打道回府。将军夏侯惇见状大吃一惊，问杨修为什么要擅自做主行动？他说："以今夜号令，便知魏王不日将退兵归也——鸡肋者，食之无味，弃之可惜。

今进不能胜，退恐人笑，在此无益，不如早归……"不料杨修这次聪明"绝顶"，曹操以扰乱军心为借口，把杨修杀了。

　　毋庸置疑，杨修是聪明绝顶的，但是，杨修却太单纯了，没有一点做人的心机。面对内心狡诈的一代枭雄，他不懂得藏拙，不懂得掩饰自己，又怎能不被阴险的曹操打压呢？西方有句谚语说：尽管星星都有光明，却不敢比太阳更亮。《阴符经》说："性有巧拙，可以伏藏。"这也就是让我们懂得，做人要有"心机"，不能太单纯。

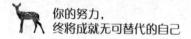
看破是一种能力，不说破是一种成熟

> 很多时候心照不宣地替人保护隐私也是一种
> 交际手段。与其捅破那层纸让对方难堪，倒不如
> 装作不知道。这样就保持了其乐融融的关系，否
> 则会徒增不少尴尬。

生活中，愚昧者看不懂，聪明人看得破。看破不说破的
是大聪明，真高明，看破又说破的则是大愚蠢，假精明。宋
江久怀招安之志，吴用看得最清楚，但从不说破，宋头领格
外倚重于他；李逵动不动就大叫"招甚鸟安！"结果老是受
宋江的怒斥。这便是智者与愚者的区别之所在。

能看破是种能力，不说破是一种成熟。看破不说破，人
和人相安无事，大家和睦相处，其实，这不叫虚伪，而是处

事中应有的心机。

光绪六年（1880年），慈禧太后染上奇病，御医天天进诊，日服良药，竟不见好转。此时，朝中尤为焦急，遂下诏各省督抚保荐良医。两江总督刘坤一荐江南名医马培之进京宫诊。马培之，字文植，在江南被人誉为"神医"。于是一道圣旨从北京下到江苏，征召马培之进京。马培之家乡孟河镇的人无不为马氏奉旨上京而感到自豪，可是年逾花甲的马培之却是欢喜不起来。他自忖：京华名医如云，慈禧太后所患之病恐非常病，否则断不会下诏征医。既然下召征医，可见西太后之病乃非同小可。此去要是弄不顺，只怕毁了悬壶多年所得的盛誉，还可能会赔上老命。

七月底，马培之千里跋涉抵达京都，即打探西太后之病况。其时，关于慈禧之病传说纷纭，有人传是"月经不调"，有人说是"血症"，还有一些离奇的传说。马氏拜会了太医院的御医，先作打探；却不得要领，心中不由十分焦急。后又连日访问同乡亲友，最后还是一位经商的同乡认识宫中一位太监，请这位太监向西太后的近侍打听慈禧患病的真实起因以及有关宫闱之秘。果然，从这条黄门捷径传出了消息，使马培之大吃一惊——慈禧太后之病乃是小产的后遗症。慈

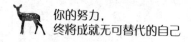

禧早已寡居多年，何能小产？马氏吃惊之余，心中已明白了大半，也自觉心安了许多。

第二步，就是要善做"面子"工作，既要照顾到对方"面子"，还要考虑到自己的面子。最关键的是这种"涂脂抹粉"一定要自然，不留痕迹。

后来，在体元殿上，由薛、汪、马三医依次为西太后跪诊切脉。诊毕，三位名医又各自开方立案，再呈慈禧太后。只见老佛爷看着薛的方案沉吟不语，再阅汪的方案面色凝重，此时三大名医莫不紧张，无不沁出冷汗。但当太后看了马的方案后，神情渐转祥和，金口出言："马培之所拟方案甚佳，抄送军机处及亲王府诸大臣。"众人听罢，心中的石头落地，而马氏更是欢喜。

马培之对慈禧太后的病因本来已心中有数，再切其脉，完全暗含产后血症。马氏在其方案中只字未敢言及妇产的病机，只作心脾两虚论治。而在方药上却是明栈暗渡，声东击西，用不少调经活血之药，此正中慈禧下怀。西太后本来对医药就素有了解，见马培之方案甚合己意，这是因为医生开的药方要抄送朝中大臣，所以必须能治好病，又可遮私丑、塞众口，马氏的药方正符合这两种要求。另两位名医薛、汪的药方案虽然切中病机，脉案明了，在医术上无可挑剔，但免不了投鼠忌器而不中老佛爷的心意。

后来，慈禧服用了马氏的方药，奇病渐愈，一年后基本康复。马氏本人也深得慈禧信任。但是无论是在京还是返归故里，马培之对慈禧的病始终守口如瓶。

马培之的聪明之处就在于他能看破，看却不说破。很多时候心照不宣地替人保护隐私也是一种交际手段。与其捅破那层纸让对方难堪，倒不如装作不知道。这样就保持了其乐融融的关系，否则会徒增不少尴尬。

有些事情，不是不可说，而是不必说，有度的真诚，才能让彼此更舒服，更安全。

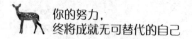
别把你的喜怒哀乐都写在脸上

> 那些不懂得掩饰自己的情绪,整天将心情写
> 在脸上的人都是不成熟的人,他们在为人处世中,
> 很容易得罪人,而自己还不自知。

王凯是一个名牌大学毕业的高材生,在一家广告公司做创意设计。公司虽然人才济济,但王凯凭借自己精湛的专业才能,成为公司的骨干力量。但是,王凯嘴里藏不住话,脸上藏不住事,和周围同事的关系并不好。

一次,王凯和另一个同事负责一个客户的广告创意设计工作,客户是一个很俗气的商人,总是站在市场的角度去思考问题,对专业上的事情不太懂。面对王凯精心完成的创意设计,客户却不感兴趣,而对王凯同事的设计却频频点头。

王凯很不喜欢同事的设计，认为很低俗，然而，客户却能接受。为此，王凯立刻面露不悦，看客户的眼神也充满了鄙夷的神情。这时，客户突然转过身和王凯的目光撞了个正着。

客户离开的时候，刚出门，门都没关上，王凯就气呼呼地拍桌子，对着客户的背影咬牙切齿。其实，王凯的这一切都被经理看到了。而且，王凯平时在公司也经常给经理难看的脸色，经理也早就对王凯有意见了。第二天，王凯就被莫名其妙地炒掉了。

与人交往时，如果你心里藏不住事，经常把内心的一举一动都写在脸上，高兴的时候情不自禁，不高兴的时候一句话不对就马上翻脸，这就很容易让人一眼看透你的内心，读懂你的心情。把自己的喜怒哀乐都写在脸上，这其实是一种不成熟的表现，在与人交往中很容易吃亏。我们所处的世界是一个多元化的世界，每个人都有自己的生活方式，对于自己看不惯的人和事，你没必要反应过于激烈，这可能给你带来很多的麻烦。

古人云，"胸有激雷而面如平湖者，可拜上将军。"这说明了做人要胸有城府，别把心情都写在脸上，才能有所作为。试想一下，如果你哪天不开心，脸上便冷若冰霜，看谁

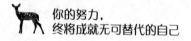
都好像别人欠你钱似的，这样的人，谁会愿意和你交往？内心想什么就说什么，即使不说也都写在脸上，别人想不知道都难。或许你觉得自己是直爽，可有时候别人却会因为你的直而受到伤害。

那些不懂得掩饰自己的情绪，整天将心情写在脸上的人都是不成熟的人，他们在为人处世中，很容易得罪人，而自己还不自知。只有学会掩饰自己的心情，控制自己的情绪，才是一个成熟的人应该具备的状态。

人际交往中，没有人是来看你的脸色的，也没有多少人愿意去关注你的心情，所以，你就必须先学会控制自己的情绪，不乱发脾气，不将心情都写在脸上，这才是真正有涵养的人。学会掩藏自己的内心感受，才是成熟的人应该做的事，毕竟，你已经不是孩子了，就不能让那个自己像一个孩子似的"童言无忌"，将心思都写在脸上。

如果一个孩子，家里来了一个他不喜欢的小朋友，他就会将自己的喜怒哀乐写在脸上，小朋友玩他的玩具，他会气呼呼地拒绝，也不和小朋友一起玩。如果父母拿他的玩具给小朋友玩，他会大喊大叫，吵闹不停，甚至会躺在地上闹腾，让父母也束手无策。甚至，当客人要走的时候，他也不会有礼貌地送一下，反而会狠狠地对客人说："走吧！我不喜欢你！"总之，对于他不喜欢的人，他就会不理不睬。

如果家里来的客人是自己喜欢的人，他会一直粘着客人，让客人看他的相册，让客人陪他玩游戏，玩得不亦乐乎，就是客人要走的时候，他也会死死地抱着客人，让人家再多陪他玩一会儿。在小孩子的内心世界里，他不会掩藏自己的真实感受，将内心的喜怒哀乐都写在脸上，很简单，很直接。小孩子也不懂那么复杂的人际关系，有什么说什么，"童言无忌"嘛。即使小孩子再不懂礼貌，大人也没有谁会和一个孩子计较。

可是，如果你已经是成人了，已经步入社会，你就不能像一个孩子那样将心情都写在脸上了。也不是你不想见到谁就可以不见，生活在这个社会中，你总会和一些自己不喜欢的人打交道，总要去做一些你不得不去做的事，总要去面对一些你不得不面对的人，你无法逃避，只有学会面对。

如何面对一个你不喜欢的人呢？将内心的厌恶之情挂在脸上，露出一副拒人于千里之外的神情，别人又怎能喜欢你、接纳你呢？将自己的心情挂在脸上，将自己的喜怒哀乐表达失当，就很容易为自己招来无端之祸。

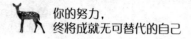

事实上怒哀乐是人的基本情绪，没有喜怒哀乐是不可能的，只是，你不要把喜怒哀乐表现在脸上罢了。你应该把自己的心情藏在心里，别轻易拿出来给别人看。

话别说满，事别做绝

做人万不可把话说满，把事情做绝，要时时处处为自己留下可以回旋的余地，就像行车走马一样，如果一下奔驰到山穷水尽的地方，掉头就不容易，只有留下一些余地才行。

集做人处世之经验的《菜根谭》中有一句这样的话：滋味浓时减三分让人食，路径窄处留一步与人行。留人宽绰，于己宽绰，与人方便，与己方便。这是古人总结出来的处世秘诀。

生活中，不说过头的话，不把事做绝，就是给自己留下回旋的余地。生活中喜欢把话说满的人很常见，他们给人的感觉是信心满满，动辄打包票说一切包在自己身上；要么就

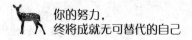
赌咒起誓，说肯定没问题。听的人以为他们说的话都是对的，可事后却往往失望地发现不过是牛皮而已。

话不说满，就是给自己留了余地，让自己有机会回旋，不至于被逼得太紧。试想一下，如果你事先跟人家拍着胸脯说好的事情，最后又没有完成，人家从此可能就对你有了不好的看法，或许还因为过于信赖你而造成了不小的损失呢。

某公司新研发了一个项目，老板将此事交给了下属李杰，问他："有没有问题？"李杰拍着胸脯回答说："没问题，放心吧！保证 3 天完成！"过了三天，李杰这方面没有任何动静。老板问他进度如何，他才老实说："没有想象中那么简单！"虽然老板同意给他更多的时间来完成任务，但对他拍胸脯的信誓旦旦已经开始反感。

这就是说话太满的危害，要知道杯子留有空间，是为了轻轻晃动时不会把液体溢出来；气球留有空间，是为了不会因轻微的挤压而爆炸；人说话留有空间，是为了防止"例外"发生而让自己下不了台。我们都讨厌空话大话连篇的人，吹得天花乱坠，实际行动却不见几分，难免让人觉得你华而不实，难以信任。

话不能说满，而做事则是不能把事做绝。自古以来，给人留余地就是一种为人处世的智慧。《周易》中有句话：物极必反，否极泰来。这句话的意思是说，至行不可极处，至极则无路可续行；言不可称绝对，称绝则无理可续言。做任何事，进一步，也应让三分。古人云："处事须留余地，责善切戒尽言。"有一句佛偈也说："凡是不可太尽。"人与人相处时，给人留下余地就是给自己留下余地。

韩国北部的乡村路边有很多柿子园，每到深秋时节，处处可见农民采摘柿子的身影，采摘结束后，有些熟透的柿子却被留在了树上，这些留在树上的柿子，成为一道特有的风景，这些柿子又大又红，不摘来享用岂不太可惜？据当地的果农表示，不管柿子长得多么诱人，也不会全部摘下来，因为这是留给喜鹊的食物。

为什么要把自己的柿子留给喜鹊吃？原来，这里是喜鹊的栖息地，每到冬天，喜鹊都在果树上筑巢过冬，有一年冬天，下了很大的雪，几百只找不到食物的喜鹊在一夜之间都被冻死了。第二年春天，柿子树重新吐绿发芽，开花结果，就在这时，一种不知名的毛虫突然泛滥成灾，使得那年的柿子几乎绝产。从此以后，每到收成季节，果农都会留下一些柿子，吸引喜鹊来这里过冬，喜鹊仿佛也知恩图报，到了春天也不

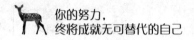
飞走，整天忙着捕捉树上的虫子，从而保证了这一年柿子的丰收。

多么神奇的平衡法则啊！其实，自然界的一切，都是相互依存的，给别人留有余地，往往就是给自己留下了生机与希望。

人们常说："过头话不可讲，过头事不可做。"做人万不可把话说满，把事情做绝，要时时处处为自己留下可以回旋的余地，就像行车走马一样，如果一下奔驰到山穷水尽的地方，掉头就不容易，只有留下一些余地才行。为什么有的人在人际交往中能游刃有余，八面玲珑，而有的人却常常被动，进退维谷。其中，可能有许多原因，但无疑与他们是否在应酬中善不善于给别人留余地有密切关系。

俗话说，兔子急了还咬人。看似平时温文尔雅或者柔弱的人，如果真的被点了死穴，那就会变成凶猛的野兽，闯出一条血路来。事情不要做绝，就是避免点中别人的死穴，不要把人往绝路上逼。放人一条生路，就是给自己一条退路呢。

话不说满，事不做绝，其实也是中庸之道的体现，这是一种温和的处世方式。不说大话，避免给别人带来压力，也避免遭致厌恶；事不做绝，给别人一条生路的同时，也给自己积下了福德。这个世界上总是有那么一些奇妙的轮回，一时的得意，总要由以后的失意来偿还；一时的猖狂，也总会由以后的报应来弥补。说话做事都留余地，才是保护自己的好办法。当你学会了给别人留有余地，就等于给自己留下了退路，让你在任何时候都能从容应对，进退自如。

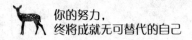
多一些"主动吃亏"，少一些"被动吃亏"

总之，人没有无缘无故的得到，也没有无缘无故的失去。主动吃亏，有时能换来非常难得的和平与安全，能换来身心的健康与快乐，吃亏又有什么不值得的呢？

当年扬州八怪之一的郑板桥，曾经说了两句流传至今的至理名言，其中一句是"难得糊涂"；而另外一句话就是"吃亏是福"。

郑板桥的"难得糊涂"，千百年来，被多少骚人墨客效仿，还奉为处世哲学！直到眼下瞬息万变的 21 世纪，在一些问题上仍然适应入时。然而，他所提倡的"吃亏是福"的命运就有很大的差别。在充满功利主义的现代人的眼里，"吃亏是福"很难被人们理解，他们宁可将"好汉不吃眼前亏"、"识时务者为俊杰"作为处世准则。从古至今，中国人都是不愿吃眼前亏的。同样也证明了，"吃亏是福"无论什么时候都很难在一些人心中生根发芽。

"吃亏"真的是福？当然！但要注意，这里说的"吃亏"是主动吃亏，而不是被动吃亏。这两者的区别就是主动吃亏中的"吃亏"不仅是福，还是一种胸怀、一种品质、一种风度，更是一种坦然、一种达观、一种超越。而被动吃亏中的"吃亏"是一种后果，是一种无奈。为人处世，一定要主动吃亏，才能少一点被动吃亏。同样是吃亏，却是天壤之别。

布鲁克住在奥地利偏远山区的乡间，母亲早年去世，父亲因工受伤，家里的生活重担便落在布鲁克的肩上。为了一家的生计，他于是在路边开了个小摊，靠帮人修理皮鞋过日子。

一天，一位顾客匆忙拿了一双鞋底坏掉的皮鞋，交给布鲁克修理。只见布鲁克动作纯熟地把鞋底修好并擦净后交给顾客，顾客感动地说："小师傅！谢谢你把我的皮鞋修好，不但缝补得很坚固，还把皮鞋擦得跟新的一样。"

附近同行擦皮鞋的人，私下窃语："布鲁克这傻瓜真是

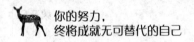
服务过头，顾客只付了修皮鞋的钱，他却把皮鞋擦得这么亮，这有什么好处呢？真笨！"

但是布鲁克并不在意这些话，他觉得替人做事应尽心尽力，这样一来收取顾客的钱才心安理得。

人们知道布鲁克是个肯替人设想、不怕吃亏的人，于是纷纷把鞋子交给他修理。消息传到附近一家皮鞋工厂的老板耳中，他便雇用了布鲁克到他的工厂，专门负责修理有瑕疵的皮鞋。

多年后，那些嘲笑布鲁克的人，仍然在街头修补皮鞋，布鲁克却已当上了皮鞋工厂的总经理了。

让我们再来看一看发生在我们身边的一些事情吧！只要你经过仔细地观察与思考，就会发现能够"主动吃亏"是一个多么有哲理的处世准则。

现实生活中那些好贪小便宜的人会经常发生因小失大的事情。他们在与某些老实人的交往中因得到了眼前一点小小的利益，得了一点小小的实惠而窃笑，可能他们却因而失去了做人的最起码的诚信与做人的尊严。殊不知，人家都在背后笑他呢！这样的人一次两次尚可原谅，然而时间长了就没有人再愿意跟他交往了。

让我们仔细地想想，拿小利益与做人的尊严、长远的利益比较，孰轻孰重？看来这是显而易见的。与之相反的是这些老实人表面上吃了点亏，那不就是失去了一点点的利益，一点点的物质吗？可是他们却会因此而赢得人们的同情，得到人心。古人说："得人心者得天下。"可见人心所向是多么地难得！特别是在这个缺乏诚信的今天，老实人是最好的合作伙伴了。

尽管他们不能如古人所说的那样得天下，但是在现在这个时代，老实人应该说是商机无限，机会多多。想一想，老实的人因为失去了眼前一点点微不足道的东西，而得到了人们的尊重，也赢得了好的声誉、长远的利益，是得大还是失大呢？

可见，能够"主动吃亏"的人最后并不吃亏，而不愿意"主动吃亏"的人结果却吃了大亏。应酬中，多一点"主动吃亏"，你才能赢得别人的信任，别人就会接纳你、信任你、支持你。

总之，人没有无缘无故的得到，也没有无缘无故的失去。主动吃亏，有时能换来非常难得的和平与安全，能换来身心的健康与快乐，吃亏又有什么不值得的呢？聪明的人敢于吃亏，睿智的人善于吃亏。能够吃亏的人，往往是一生平安，

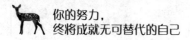
幸福坦然。不能主动吃亏的人，在是非纷争中斤斤计较，只局限在"不亏"的狭隘的自我思维中，这种心理会蒙蔽他们的双眼，最后却不得不吃个大亏。

有心机的人不能只看眼前，而是能放眼未来，将眼光投得更远！不计较眼前的蝇头小利，而以"主动吃亏"作为自己的处世准则，用一点点"小亏"换得更美满的生活。

该聪明时聪明，该糊涂时糊涂

做人难，做明白人难，做糊涂人更难，关键
是如何做到"该糊涂时糊涂，不该糊涂时决不糊
涂"，要把握好这个度，那就是一种处世智慧，
一门学问。

"难得糊涂"历来被推崇为高明的处世之道。该糊涂时
糊涂，就等于给各种繁杂的事情上涂上润滑油，使其顺利运
转。糊涂哲学体现的是一种从容不迫的气度，一种谦卑为人
的态度。

该聪明时聪明，该糊涂时糊涂。就是说凡事不要太钻牛
角尖，不要太想不开，不要太计较，退一步，海阔天空。事
情都是随着时间慢慢清晰，抑或慢慢变淡，慢慢化解，慢慢

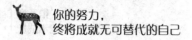
消融的，于是就有了答案……很多时候，睁一只眼闭一只眼，你就成为最"糊涂"的聪明人了。

假如有人告诉你："某某人在背后骂你。"你听后会作出什么反应？你可能会非常恼怒，想立即去找这个人算账。如果是这样，那你不仅气坏了自己的身体，而且还会扩大事态，徒增痛苦。

富弼是北宋名相，在他年少时，有一次走在洛阳大街上，平白无故地遭人斥骂。有人过来悄声说："某某在背后骂你！"富弼说："大概是骂别人吧。"那人又说："人家指名道姓在骂你呢！"富弼想了想说："怕是在骂别人吧，估计是有人跟我同名同姓。"骂他的人听到后很是惭愧，赶紧向富弼道歉。年少的富弼分明是假装糊涂，却显示了他的聪明睿智。

有位智者说，如果大街上有人骂他，他连头都不会回，因为他根本不想知道骂他的人是谁。因为人生如此短暂和宝贵，要做的事情太多，何必为这种令人不愉快的事情浪费时间呢？这位智者和富弼一样洞晓"难得糊涂"的真谛。

生活中，人与人之间不免会产生些摩擦，引起些烦恼，如若斤斤计较、患得患失，往往越想越气，这样很不利于身心健康。如做到遇事糊涂些，自然烦恼会少很多。

二战期间，一支部队在森林中与敌军相遇，激战后两名战士与部队失去了联系。这两名战士来自同一个小镇。

两人在森林中艰难跋涉，他们互相鼓励、互相安慰，半个月的时间过去了，依然没有与部队联系上。有一天，他们打死了一只鹿，依靠鹿肉又艰难度过了几天。可也许是战争使动物四散奔逃或被杀光，这以后他们再也没看到过任何动物，仅剩下一点鹿肉，背在年轻战士的身上。

有一天，他们在森林中又一次与敌人相遇，经过再一次激战，他们巧妙地避开了敌人。就在自以为已经安全时，只听一声枪响，走在前面的年轻战士中了一枪，幸亏伤在肩膀上！后面的士兵惶恐地跑了过来，他吓得语无伦次，抱着战友的身体泪流不止，并赶快把自己的衬衣撕下来包扎战友的伤口。

晚上，未受伤的士兵一直念叨着母亲的名字，两眼直勾勾的。他们都以为自己熬不过这一关了，虽然饥饿难忍，但他们谁也没动身边的鹿肉。天知道他们是如何度过的那一夜。第二天，部队救出了他们。

事隔30年，那位受伤的战士安德森说："我知道谁开的那一枪，他就是我的战友。当他抱住我时，我碰到他发热

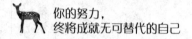

的枪管。我怎么也不明白，他为什么对我开枪？也许他想独吞我背着的鹿肉，我也知道他想为了他的母亲而活下来。但我当时假装不知道谁开的枪，如果我说破了，我们两个人可能会拼命，那样，可能我们两个人都会丢了性命。

"此后30年，我假装根本不知道此事，也从不提及。战争太残酷了，他母亲还是没有等到他回来，我和他一起祭奠了老人家。那一天，他跪下来，请求我原谅他，我没让他说下去。我们又做了几十年的朋友，如果可能，我愿意永远不知道事情的真相，就这样糊涂地过一辈子。"

由此可见，做人难，做明白人难，做糊涂人更难，关键是如何做到"该糊涂时糊涂，不该糊涂时决不糊涂"，要把握好这个度，那就是一种处世智慧，一门学问。人生难得糊涂，贵在糊涂，乐在糊涂。所以学一点糊涂学，也许会使你恍然顿悟，它会带给你一种大智慧；也许，从一个侧面去解读生活，你将获得一种前所未有的达观和从容。

做一个懂得低头的人

> 把自己的杯子放低，才能吸纳别人的智慧和
> 经验。学会低头，才能不断汲取教训，才会让自
> 己有所进步，才会得到别人的教诲，才能处处受
> 人喜爱。

民间有句谚语："低头是稻穗，昂头是稗子。"越成熟、越饱满的稻穗，头垂得越低。只有那些穗子里空空如也的稗子，才会把头抬得老高。

一个胸有城府的人是一个懂得低头的人，"直木遭伐，水满则溢"，低头是一种智慧，低头做人，可以使自己更容易被别人接受，要想出头，先要低头。"低"既是成功之要诀，又是处世之良方。一个不懂低头的人，往往是很容易被

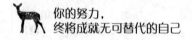

伤害的人。

有位商人年轻气盛，经常因为生意上的小事与竞争对手争得面红耳赤。因为摩擦不断，生意也就很不顺利，但是他却不肯轻易低头。

有一次，他去拜访一位德高望重的禅师时，挺胸抬头，迈着大步而来。进门的时候，依然高昂着头，结果狠狠地撞在了禅院的门框上，疼得他一边不住地用手揉搓，一边看着比他的身子矮一截的门。

出来迎接他的老禅师看到他这副样子，笑笑说："很痛吧！可是，这将是你今天来访问我的最大收获，也正是我想告诉你的。一个人一生不可能事事尽如人意，要想平安无事地活在这个世界上，就必须时刻记住，要出头得先低头，出头不要强出头。"

年轻的商人把这次拜访得到的教益，看作是自己一生最大的收获，并把它列为商场的拼争的准则之一。商人从这一准则中受益终生。后来，他在商场上左右逢源，成为一位极负盛名的大商人。他在一次谈话中说："这一启发帮了我的大忙。"

老禅师给年轻商人的教训，实际上就是"唯有低头，才能出头"。一个聪明的人懂得低头，"低头"是一种处世的能力，它不是自卑，也不是懦弱，低头的目的是为了让自己与现实环境有和谐的关系，是为了把摩擦降到最低，更为了把不利的环境转化成对你有利的力量，这是处世的一种柔软，更是一种处世的心机。

很久以前，有一个满怀失望的年轻人千里迢迢来到法门寺，对主持释圆说："我一心一意要学丹青，但至今没有找到一个能令我心满意足的老师。"

释园笑笑问："你走南闯北十几年，真没有能找到一个自己的老师吗？"年轻人深深叹了口气说："许多人都是徒有虚名啊，我见过他们的画，有的画技甚至不如我呢！"释园听了，淡淡一笑说："老僧虽然不懂丹青，但也颇爱收集一些名家精品。既然施主的画技不比那些名家逊色，就烦请施主为老僧留下一幅墨宝吧。"说着，便吩咐一个小和尚拿了笔墨砚和一沓宣纸。释园说："老僧的最大嗜好，就是爱品茗，尤其喜爱那些造型流畅的古茶具。施主可否为我画一个茶杯一个茶壶？"年轻人听了，说："这还不容易？"于是调了一砚浓墨，铺开宣纸，寥寥数笔，就画出一个倾斜的水壶和一个造型典雅的茶杯。那水壶的壶嘴正徐徐吐出一脉

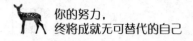
茶水来，倒入那茶杯中去，年轻人问释园："这幅你满意吗？"

释园微微一笑，摇了摇头。

释园说："你画得确实不错，只是把茶壶和茶杯放错位置了。应该是茶杯在上，茶壶在下呀。"年轻人听了，笑道："大师为何如此糊涂，哪有茶杯往茶壶里注水，而茶杯在上茶壶在下的？"释园听了，又微微一笑说："原来你懂得这个道理啊！你渴望自己的杯子里能注入那些丹青高手的香茗，但你总把自己的杯子放得比那些茶壶还要高，香茗怎么能注入你的杯子里呢？涧谷因为低下，而能纳百川入流，人要把自己放低，才能吸纳别人的智慧和经验。"

把自己的杯子放低，才能吸纳别人的智慧和经验。学会低头，才能不断汲取教训，才会让自己有所进步，才会得到别人的教诲，才能处处受人喜爱。

学会低头，也就学会了审时度势，把握全局，小忍为大谋；学会低头，就能顺利地越过生活中意想不到的低矮"门框"，免受无谓的伤害。

第六章

学习做人是一辈子的修行

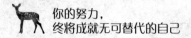
做人懂得分享，才会更有人缘

> 当我们乐意和他人分享自己所拥有的知识和
> 快乐时，不仅不会有损失，反而会收获更大的喜
> 悦和满足。学会与别人分享成功与财富，自己也
> 一定会成为最成功和最富有的人。

分享是做人的一种智慧和境界，是人性之美的一种升华。善于分享的人懂得为他人的成功而喝彩，因此，往往更有人缘。

英国戏剧作家萧伯纳说过："倘若你有一个苹果，我也有一个苹果，而我们彼此交换苹果，那么你和我仍然是各有一个苹果。但是倘若你有一种思想，我也有一种思想，而我们彼此交流这些思想，那么，我们每人将有两种思想。"因此，懂得分享，会让你的分享成为引玉之砖，为你赢得更多的东西。

当你收获一份成功，如果你愿意与人分享收获的果实，那么这份成就才会更有价值；当你收获一份快乐，如果你懂得与人分享好的心情，快乐就会加倍；当你面临一个机遇，如果你懂得与人分享成功的机会，那么合作就能创造共赢。

在一个偏僻的小村庄里，一个善于研究的果农培植了一种薄皮多汁的新品种水果，吸引了很多水果批发商前来购买。村里的人们看到他的新品种水果卖得很好，就想借他的种子来种，可被果农拒绝了，因为他不愿意给村民们分享他独自研究出来的成果，他想，如果大家都种这种水果，一定会影响自己的生意。

第二年，果农不幸发现自己的果子质量大不如往年，很多人都不再买他的水果，他查找了所有的种植环节，但都找不到原因，只好去咨询专家。专家调查后对果农说："你种植的环节都没有问题，但如果你想让水果回到原来的销售效果，就必须在附近地区大规模种植这种新产品。"

果农感到迷惑不解，他问为什么，专家这样回答他："由于附近种的是该水果的旧品种，而只有你的是改良品种，在

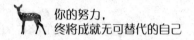

开花授粉时，新品种和旧品种互相影响，质量互相平均，你的水果自然就变差了。"

果农恍然大悟，于是把自己的新品种分发给附近的村民，后来，大家都有了好收成，这个小山村逐渐变得富裕起来。

故事中的农夫如果一直执迷不悟，不肯分享自己的成功果实，到头来，不但不能从中获利，反而会因此而遭受重大的损失。生活有时候就是如此，越是懂得分享，就越能得到更多，越是死守住自己的利益不松手，到头来就越可能一无所有。

我们生长在社会群体中，离不开所处的群体，人与人是相互作用的，你作用于其他人多少东西，其他人也会作用于你。所以，当我们乐意和他人分享自己所拥有的知识和快乐时，不仅不会有损失，反而会收获更大的喜悦和满足。学会与别人分享成功与财富，自己也一定会成为最成功和最富有的人。

小肥羊集团的创始人张刚曾经说过这样的话："充分的信任合作者，乐于利益分享，这就是我一直以来秉承的做事原则。"这是他创业历程的真实写照。

张刚对于自己的集团，采取一种放任的态度，不管谁做他的部下，他都是绝对信任而不设防。不仅如此，更重要的是他在利益上的一贯做法是有钱大家一起赚，有利益大家一起分享。每一个进入公司的人才，张刚都愿意和他们分享股份。因为他知道股东的积极性和打工者的积极性是不能相提并论的，他采取这种利润分配方式，也能使各方都能够尽心尽力。

张刚这种分享利益的合作方式，与古人提出的"天下大同、仁德治世"的王道有不谋而合之处。天下同乐才是真正的乐事，愿意把美好的事物与他人分享，才会得到他人的拥护和爱戴。所以，大家同乐远比一个人自娱自乐要好很多。

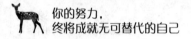
成人之美，才能放开自己

　　人生中各种各样的选择总会让我们徘徊在无尽的犹豫之中，总想着得到更多，往往会失去更多，这时候，我们必须学会慷慨放弃。

　　生活中，我们总是会发现，有些人不懂得变通之道，明明局面不利于自己，但还是舍不得放手，比如自己爱的人明明不愿意选择自己，或者自己的爱人已不再爱自己，但他还是不愿意放手，苦苦纠缠，自己痛苦，也让别人痛苦，不愿意成全别人的幸福。其实，大可不必这样，属于你的总是你的，不是你的再怎样也留不住，不如成全别人，也让自己多一份快乐，多一桩幸福。

　　有时候，当你知道一件东西对自己的价值没有对另外一个人的大，而且那个人又非常珍爱这件东西的时候，不妨送个人情，那样他一定会感激不已。比如，当你知道你的感情不合适，而你的另一半心有所属，他们心心相印的时候，不妨就放他们双飞，虽然可能舍不得，但是不管对你还是对他们都是一种解脱和快乐，相信，他们会感激你一生一世，也会彼此珍惜，幸福一生。

南北朝时期，陈国公主乐昌美丽且有才华。她与丈夫徐德言感情深厚。但当时，隋朝正入侵陈国，陈国即将被灭亡。乐昌公主和徐德言都预感到他们的国家将被入侵者占领，他们也会被迫离开王宫，背井离乡。战乱中，他们可能失去联系。于是，他们将一枚象征夫妻的铜镜一劈两半，夫妻二人各藏半边。相约在第二年正月十五元宵节那天，将各自的半片铜镜拿到集市去卖。期盼能重逢，并将两面镜子合而为一。

不久，他们的预感就成为了现实。战乱中，公主与丈夫失散了，并被送到隋朝一位很有权势的大臣杨素家中，成了他的小妾。在第二年的元宵节上，徐德言带着他的半边铜镜来到集市上，渴望能遇见他的妻子。碰巧，有一名仆人正在卖半面的铜镜。徐德言马上认出了这面镜子。他向那名仆人打听妻子的下落。当他得知妻子的痛苦遭遇后，他不禁泪流

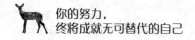
满面。他在妻子的那半面铜镜上题了首诗："镜与人俱去，镜归人不归。无复嫦娥影，空留明月辉。"

那个仆人把题了诗的铜镜带回来，交给了乐昌公主。一连几天，她都终日以泪洗面，因为她知道丈夫还活着而且想念她，但他们却无法再相见了。

杨素终于发现了这件事。他也被两人的真情所打动，觉得自己也不可能赢得乐昌的爱。于是，他派人找来了徐德言，让他们夫妻团圆了。

从故事中不难看出，杨素是一个宽容的人，也是一个聪明的人，他明白成全别人比死死维护一份不适合或者说不属于自己的感情要有意义得多。正是因为这种肯成人之美的胸怀，让双方都得到了解脱和快乐，对方不必胆战心惊地掖着藏着，自己也不必再为这件事烦心伤神，还获得了一世的美名。

生活中，就要懂得圆融为人，做明白人，这种成人之美的智慧，放自己的心一条生路，也给别人一条幸福的明路。只有这样，你的内心才会不再受到煎熬，别人也会感激你，彼此都活得更快乐。

舍弃不等同于丢失，古人道："鱼和熊掌不可兼得。"

有时，我们必须通过舍弃来换取收获。历经岁月的煎熬，我们越加理智和成熟，人生中各种各样的选择总会让我们徘徊在无尽的犹豫之中，总想着得到更多，往往会失去更多，这时候，我们必须学会慷慨放弃。因为，背负太多的欲望，只会让我们在生活中步履维艰，到最后反而一无所获。

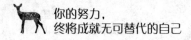
谦虚为人，才能广受欢迎

谦虚的人能够不断地从外界吸取有价值的信息，不断反省和提升自我，不断地向着自己的目标靠近。正如印度大诗人泰戈尔所说："当我们是大为谦卑的时候，便是我们最近于伟大的时候。"

生活中我们会发现，那些自视清高、孤傲自大之人，一般是无法得到他人的好评与欢迎的。一个人若是喜欢过分炫耀自己，只会招致他人的反感。只有谦虚一些为人，才能得到他人的信赖。谦虚不仅仅是每个人应当具备的美德，更是一个人获胜的力量。

尤其是当你与他人进行交谈的时候，偶尔的一句"你能再给我详细地分析一下吗？""希望能够得到您的指点！"
等这些短短的谦恭话语，会让对方认为你是一个有涵养、具
有人情味的人，进而愿意与你进行下一步的交往，从而提高
你成功的几率。如果我们能以谦虚的态度去表达自己的观点
或者看法时，就能减少一些不必要的冲突和麻烦，从而更容
易得到他人的认可。

于小慧大学毕业之后，到了一家国内知名的重工业企业。
他为了显示出自己的能力，时常在办公室里极力强调自身所
具有的优势。

比如，当办公室一位同事的电脑出了一些问题，这位同
事正准备打电话给技术部，以期望其能够帮助自己解决问题
时，于小慧却自告奋勇，一边帮同事修理着电脑，一边大声
说道："就这么点小问题，还需要让技术部的人出面吗？我
在大学的时候，可是兼修了计算机的，这些问题实在是太简
单了。"

得到于小慧帮助的这位同事，原本还想着对于小慧感谢
一番，但是听到于小慧说出这样的话，感谢的话到了嘴边又
咽了下去。之后，有同事的电脑出现了问题，都坚决不让于

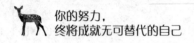

小慧帮忙。不过，于小慧却并没有意识到自己的错误，他依然在办公室里不断地"秀"自己的能力。慢慢地，同事们便不愿意与他交往了。

像于小慧这样的人，生活中并不少见。有些年轻气盛的人，在刚刚步入到社会时，往往将自身定位很高，不懂得谦虚为人。

不过，若想在社会中取得发展，你就必须遵循谦虚为人的原则，即使你确实比他人优秀，也只能在工作中积极表现。不管你多么自视清高，当你在与别人相处的过程中，都必须放下姿态，谦逊待人。若是你不懂得这些做人的技巧，即使你再有能力，也很难取得成功。

谦虚是一种高尚的品德，越有内涵的人往往越谦虚。因为他们充满自信，愿意聆听，懂得尊重，更毫不吝啬地把很多出风头的机会让给他人。所以，谦虚的人能够不断地从外界吸取有价值的信息，不断反省和提升自我，不断地向着自己的目标靠近。正如印度大诗人泰戈尔所说："当我们是大为谦卑的时候，便是我们最近于伟大的时候。"

某公司在一次新员工座谈会上，上司希望新加入到公司的员工能够在自己见习期间，结合自己的工作，多提出一些意见与建议。

新员工甘若诚听到这样的安排，便觉得这是一个表现自己的大好时机，于是，他结合之前自己所学的专业，写出了一份洋洋洒洒几十页的建议书，当上司看到这份建议书后，便在大会上宣布了甘若诚的出色表现，并给予了甘若诚极大的奖励。

从那时起，甘若诚对自己的工作便充满了信心。在日后的工作中，他毫不避讳、锋芒毕露，比如，有一个跟他一同进来的同事业务能力比较薄弱，到时间却拿不出一份不错的工作报告，他就说些鄙视后进同事的话，还吹嘘自己用脚趾都能搞定。他的表现使得周围的同事一个个对他敬而远之。慢慢地，甘若诚便失去了在公司的好人缘。直到后来，甘若诚由于无法忍受周围同事对自己的态度，向老板递交了辞职信。

生活工作中，无论什么场合，都不可以太自以为是、锋芒太露，不要不分场合地过分表现自己。其实大家的智商都差不多，别人并不比你差多少，你的过分表现只能是出丑。

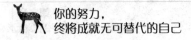
只有谦虚之人，才能给他人留下好的印象，进而得到他人的信赖。并且，当你对自己的才能轻描淡写时，才能让对方显得强大，进而让对方得到一种心理上的平衡，这样就更有利于你们之间的关系向着友好的方向发展。

甘当绿叶，配角也有自己的精彩

> 主角当然非常重要，但是，如果缺乏了配角
> 的帮衬，就算是再好的主角，也会黯然失色，整
> 个影片也会因此而大打折扣。演艺如此，做人亦
> 是如此。

俗话说，红花还需绿叶配，红花再美丽，如果没有绿叶，红花也会失去很多光彩。绿叶便是指配角，很明显，配角也是必不可少的角色。不过，生活中几乎没有人能够坦坦荡荡地说出"我愿意做配角"之类的话，更不会心甘情愿地做"绿叶"。

大家都想当红花、当主角，但是一幕戏里，主角只有一个，而如果没有那些配角，主角一个人是无法完成整个任务

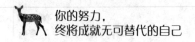

的。事实上，配角看似不起眼，但并不是每个人都能将它演好。做配角，不仅需要精湛的演技，更需要有过人的胆识、超凡的勇气和坚韧的毅力。当你不可能成为主角时，那么，为何不尽全力将配角演好、让自己成为一片出众的"绿叶"呢？

雨果曾经说过："花的事业是尊贵的，果的事业是甜美的，让我们做叶的事业吧，因为叶的事业是平凡而谦逊的。"假如你是一个演员，哪怕只是一个跑龙套的，也会对剧情产生很大的影响。主角有"最优"，配角同样有"最佳"，二者不可厚此薄彼。

众所周知，阿姆斯特朗是第一个登上月球的人，当他踏上月球的那一刻，全世界都在为他欢呼。阿姆斯特朗还说了一句话："我个人跨出的一小步，是全人类跨出的一大步。"这句话成为当时世界各地家喻户晓的名言。人们几乎把所有的光环都戴在了阿姆斯特朗的身上，而忽略了另一位宇航员奥德伦。他也登上了月球，只不过比阿姆斯特朗晚了一点。

后来，在庆祝登陆月球成功的记者招待会中，一个记者突然向奥德伦问了一个很特别的问题："这次登陆月球的过程中，是阿姆斯特朗先下去的，他是登陆月球的第一人。对此，你会不会觉得有些遗憾？"面对这个有点尴尬的问题，奥德伦并没有慌张，而是很有风度地回答道："但是大家不要忘了，我们回到地球时，我可是最先出舱的。所以，我是第一个由别的星球来到地球的人。"听了他的话，在场的人都笑了，纷纷给了他热烈的掌声。

毫无疑问，在这次"登陆月球"的大事件中，奥德伦是个配角，但是不得不说他这个配角很精彩，和主角同样受到人们尊重。甘当配角，从表面上看像是遭受了一定的损失，但是从更深层次来看，当配角的人也同样是赢家，因为配角的谦让和付出，而让整个团队都获得更大的成功。

换个角度来看，配角的重要性丝毫不比主角少，因为主角可能靠剧情和人物性格取胜，但配角靠的是演技和功力。现实生活最能说明问题，看看现在的一些影视作品，大凡配角多是由老戏骨来演的。因为和主角相比，配角往往容易被人们忽略，而只有他们具备了精湛的演技，才能留住观众的视线。事实也证明，好的配角往往能够为作品增添不少活力。

吴孟达，香港著名喜剧演员，在踏入影坛长达二十几年的时间里，他从来没有在一部电影中担任过主角，全是以陪衬身份出现的。但是，凭借着出色的演技，他总是可以以其丝丝入扣的表演将诸如乞丐、教师、警察等小人物的酸甜苦

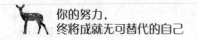

辣演绎得淋漓尽致，给观众留下深刻的印象。吴孟达说："一部电影 90 分钟，给配角的戏不会超过 20 分钟，我的角色主要作用就是配料。比如主演是一条鱼，而我需要思考的就是，加什么样的佐料才可以将鱼做得最美味，我便是那锅底的配料。"

可以将配角演好，甚至一生致力于把配角演好，这就是不平凡。主角当然非常重要，但是，如果缺乏了配角的帮衬，就算是再好的主角，也会黯然失色，整个影片也会因此而大打折扣。演艺如此，做人亦是如此。

在商场中，没有永远的敌人，也没有永远的朋友，而在现实生活中，也不存在永远的主角，更没有永远的配角。可以说，我们每一个人都是生活中的主角，与此同时，也是社会的配角。不管你身处于何种岗位、担负着怎样的任务，都要让自己学会以平和的心态与强烈的责任感去面对，找准自己的位置，将自己的个人价值发挥出来。当你还是一个配角时，请尽力地做好配角，让自己履好职、尽好责。

人人都想成为一棵参天大树，不想只做一株毫不起眼的软弱小草；人人都想成为一条波涛汹涌的大河，不想做一弯默默无闻的小溪；人人都想成为闪闪发光照耀大地的太阳，不愿成为一颗时隐时现的小星星。但是，很少有人想过：如果大家都做了大树、大河和太阳，那么这个世界还有秩序吗？小溪固然无名，但它的恬静一样受人们的喜爱；星星即使平凡，但依然是夜空中不可缺少的点缀。当你具备了甘当配角的心态时，就会发现，不管自己是什么，生活都是美好的。

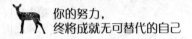
放下猜忌，才能赢得长远的友谊

多点信任，就不会有误会和纠结，就会看到
我们心中期盼的友谊与温馨。放下猜忌，心中才
会明亮起来，世界才会变得美丽，生活才会充满
快乐的色彩与幸福的味道！

人生在世，不可能不交朋友，而跟朋友相处过程中，免
不了会出现某些误会与纠纷。无论是朋友间的主观误解，还
是由于客观原因伤害或破坏了彼此之间友情，都让人惋惜。
无论多么纯洁的友谊，在猜忌下也会变得黯然失色。

朋友之间最大的不幸莫过于猜忌。猜忌就是一种存在于
人与人之间的慢性毒药，它的杀伤力，比任何武器都要厉害。
当猜忌出现时，往往是把朋友之间的感情伤得体无完肤，因

此，我们可千万不要小看它。

美国佛罗里达的海底深处，生活着两种奇怪的动物：一种叫作头盔鱼，另一种叫作巨蝎虾。头盔鱼的头上长有一个像头盔一样的东西，行动起来非常不方便，游动几分钟后就会停下来歇息一阵子，不过它的感官十分灵敏。巨蝎虾则动作敏捷，善于捕食，可惜它的感官迟钝。所以，这两种鱼类总是互相合作一起捕猎，前者负责指明方向，诱敌深入，后者负责追踪猎物，并将其捕获。

在食物丰盛的季节，头盔鱼和巨蝎虾合作得很好，可是，一旦食物缺乏，矛盾也就产生了。如果巨蝎虾按照头盔鱼指引的方向却捕捉不到猎物，那么它便会认为头盔鱼在玩弄自己，于是开始攻击头盔鱼。头盔鱼本能地躲避，可是它运动起来不方便，经常被巨蝎虾追赶得走投无路，那时候它们就会同归于尽。

这是自然界中很正常的一种现象，在我们人类社会中，也存在着这种现象。

我们大多数人都明白互相合作的好处，不但利人而且利己。可是，我们却常常忽略了这样一个道理：只有建立在相互信任基础上的合作，才能获得最终的成功和胜利，否则，

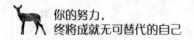

我们很可能会因为相互猜疑而毁人误己，阻碍成功、摧毁友谊。

不幸的是，在生活中有些人总是会神经过敏，他们喜欢动不动就捕风捉影地对他人进行胡乱的猜疑，怀疑了许多本来应该相信的人和事，同时还相信了许多本不该相信的人和事。结果，猜疑之心令他们迷乱心智，甚至辨不清敌与友的面孔，这让他们为此付出了惨重的代价。如果一个人生活在猜忌中，那么，他就如同生活在一个黑暗的地狱里，失去的不仅是明媚的阳光，还有生活的激情，甚至生命的活力。

所以，我们应该放下猜忌，试着去信任朋友。人与人之间正是因为有了信任，才显得格外温暖与欣慰。朋友之间，更是如此。

公元前4世纪，意大利有一个年轻人，名叫皮斯阿司，他不幸触犯了法律，被判绞刑缓期半年执行。皮斯阿司其实不怕死，可是他想念自己的母亲，希望在临死之前能与远方的母亲见上最后一面，并表达自己对母亲的深深歉意。

国王听说他是个孝子，于是准许他前往百里之外去看望母亲，但有一个条件，就是在他看望母亲的日子里，必须找一个人来替他坐牢。这是一个多么荒唐的条件啊！谁愿意冒着被杀头的危险来代替皮斯阿司坐牢呢？假如皮斯阿司一去不复返怎么办？然而，还真有那么一个人愿意来替换坐牢，他就是皮斯阿司的好朋友达蒙。

达蒙住进牢房以后，皮斯阿司就赶回家与母亲诀别。皮斯阿司说好了两个月就返回，可是，四个月过去了，皮斯阿司却音讯全无。日子如水一样流逝，眼看刑期在即，人们一时间议论纷纷，都说达蒙上当了。

半年过去了，因为皮斯阿司没有如期归来，只好由达蒙替死。行刑日是个雨天，当达蒙被押往刑场时，围观的人有的同情达蒙，并痛恨皮斯阿司，有的嘲笑达蒙是个傻瓜，还有的幸灾乐祸。但达蒙面无惧色，脸上挂着一种慷慨赴死的豪情。这时候，刽子手点燃了追魂炮，并将绞索挂在了达蒙的脖子上。就在这千钧一发之际，皮斯阿司从风雨中飞奔而来，他高声喊着："我回来了！我回来了！达蒙，我的好朋友！我回来了！"于是，皮斯阿司与达蒙紧紧地拥抱在了一起。原来，皮斯阿司是因为意外回来晚了。

当刽子手揭开达蒙脖子上的绞索，套到皮斯阿司的脖子上的时候，国王已经赶到了刑场，他立即为皮斯阿司松了绑，亲口赦免了他，并且重重地奖赏了他的朋友达蒙。

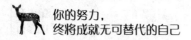

　　这是一个很感人的经典故事。达蒙不但赢得了皮斯阿司至死不渝的友谊，还赢得了英明国王的尊重。相信别人就是解放自己，相信别人就是成就自己。

　　朋友之间，少点猜疑，多点信任，就不会有误会和纠结，就会看到我们心中期盼的友谊与温馨。放下猜忌，心中才会明亮起来，世界才会变得美丽，生活才会充满快乐的色彩与幸福的味道！

接受不完美，不要和自己过不去

> 这个世界本不完美，那些不允许自己有任何
>
> 瑕疵的人，就是在和自己过不去，和幸福过不去。
>
> 过分追求完美，最后只会一无所得。

人生来都是不完美的，有的人肤色不够白皙，有的人身材不够匀称，有的人容貌不够出众，甚至有的人身体还有缺陷。有人因此而耿耿于怀甚至痛不欲生，觉得自己的人生很不完美，其实每个人都是上帝咬过一口的苹果，这些表面的不完美恰好是你身上那份与众不同的美丽。

现实中的每个人都有这样那样的不完美，如果你因为自己的不完美而痛苦，那是因为你总是拿着自己的缺陷与别人光鲜的一面作比较。殊不知，这世上完美无缺几乎不存在。

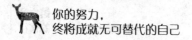
著名导演冯小刚在女儿18岁的成人礼上讲了这样一段话：
亲爱的女儿，现在你要开始接触到真正的人生了，生活有时
候并不像你想象的那么公平，世界上没有完美的事物，要学
着面对一切真实，接受一些不完美。

有个叫伊凡的青年，读了契诃夫"要是已经活过来的那
段人生，只是个草稿，有一次誊写，该有多好"这段话，十
分神往，他请求上帝在他的身上写几篇草稿。上帝沉默了一
会儿，看在契诃夫的名望和伊凡执着的分儿上，决定让伊凡
在寻找伴侣一事上试一试。到了结婚年龄，伊凡碰上了一位
绝顶漂亮的姑娘，姑娘也倾心于他。伊凡感到很理想，很快
结成夫妻。不久，伊凡发觉姑娘虽然很漂亮，可她不会说话，
做起事来也笨手笨脚，两人心灵无法沟通。于是，他把这段
婚姻作为草稿抹了。

伊凡第二次的婚姻对象，除了绝顶漂亮以外，又加上了
绝顶能干和绝顶聪明。可是，也没过多久，伊凡发现这个女
人脾气很坏，个性极强。聪明成了她讽刺伊凡的本钱，能干
成了她捉弄伊凡的手段。在一起他不是她的丈夫，倒像她的
牛马、她的器具。伊凡无法忍受这种折磨，他祈求上帝，既
然人生允许有草稿，请准三稿。上帝笑了笑，也允了。

伊凡第三次成婚时，他妻子的优点，又加上了脾气特好这一条，婚后两人恩爱有加，都很满意。半年下来，不料娇妻患上重病，卧床不起，一张病态的黄脸很快抹去了年轻和漂亮，能干如水中之月，聪明也毫无用处，只剩下毫无魅力可言的好脾气。

每个人都有追求更美好生活的权利，但是，追求完美的同时，要接受现实，现实就是这个世界本不完美。那些不允许自己有任何瑕疵的人，就是在和自己过不去，和幸福过不去。过分追求完美，最后只会一无所得。

真正的智者，会用一颗平常心看待这人世间的不完美，也会用一颗释然的心面对自己的不完美，他们会享受每一次花开、每一次日出，也会欣赏每一次花谢、每一次日落。对他们来说，生活中的缺憾本身就是一种美。

生活中常有这样的人，有时候，事情已经完成得十分出色了，可仍旧无法让他感到满意，他也总能从中找出各种各样的瑕疵。这样的人活得很累，因为他们总是在跟自己较真，结果把自己弄得身心交瘁，苦不堪言。心理学家说，人们都有对更美好的东西的向往，都有追求完美的原始冲动和欲望，如果适度追求完美，倒也无可厚非，可以增加生活的积极性，

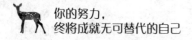
增加奋斗的动力；但是过度地追求完美，不到完美不罢休就是一种病态心理了。

其实，完美主义者心中憧憬的那种完美并不等同于优秀。他们心中的完美加上了浓重的个人感情色彩，他们懊恼悔恨一切不成功，而真正的优秀则是享受每一次的进步和成功。

断臂维纳斯是国际上公认的艺术美的典范，但是大家也都知道，她没有双臂。其实维纳斯的原作是有手臂的，只是后来断成了碎片，无法修复。很多雕塑家都曾试着给她重新装上手臂，可是不论怎样的设想，都觉得像是狗尾续貂一样。于是干脆放弃了修复的想法。但是，至今为止，这尊断臂维纳斯仍然是人们心中最美的女神，因为无臂，便赋予了人们无穷的想象，给人们的审美插上了翅膀。

正是维纳斯的断臂，也即她的不完美，成为人们心中永恒的完美！所以，我们必须承认，生活本来就不完美，不如意和不开心的事时有发生，要想在这样的生活中保持快乐的心情，就不能对自己太苛刻，不能对别人太较真，不能对环境太计较。

要知道，人和生活都不可能完美，如果太完美，反而会不真实、不自然，这本身也就成为了一种不完美。

第七章

别让自己输在不懂说话上

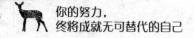

争论开始的时候，你已经输了

你如果开始争论的时候，就表示你已经失去了控制，你就已经输了！你可以和别人讨论，但不要争论。十之八九，争论的结果会使双方比以前更相信自己绝对正确。你赢不了争论。要是输了，当然你就输了；即使赢了，但实际上你还是输了。

有些人在和别人聊天时特别喜欢争论。当然你可能有理，你的观点可能是正确的。可是，你要知道的是，要想在争论中改变别人的注意，你说得再多，结果只能是徒劳的。

威尔逊总统任内的财政部长威廉·麦肯罗以多年政治生涯获得的经验，说了一句话："靠争论不可能使无知的人服气。"其实麦肯罗说得太保守太片面了，不论对方才智如何，都不可能靠争论改变他的想法。

下面的这个小故事或许能给你更深刻的启示。

第二次世界大战刚结束的一天晚上，卡尔在伦敦学到了一个极有价值的教训。有一天晚上，卡尔参加一次宴会。宴席中，坐在卡尔右边的一位先生讲了一段幽默笑话，并引用了一句话，意思是"谋事在人，成事在天"。

他说那句话出自圣经，但他错了。卡尔知道正确的出处，一点儿疑问也没有。

为了表现出优越感，卡尔大声地纠正他的错误。那人立刻反唇相讥："什么？出自莎士比亚？不可能，绝对不可能！那句话出自圣经。"

那位先生坐在右首，卡尔的老朋友弗兰克·格蒙在他左首，他研究莎士比亚的著作已有多年。于是，他们俩都同意向格蒙请教。格蒙听了，在桌下踢了卡尔一下，然后说："卡尔，这位先生没说错，圣经里有这句话。"

随后，在回家的路上，卡尔对格蒙说："弗兰克，你明明知道那句话出自莎士比亚啊。"

"是的，当然，"他回答，"《哈姆雷特》第五幕第二

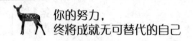
场。可是亲爱的卡尔，我们是宴会上的客人，为什么要证明

他错了？那样会使他喜欢你吗？为什么不给他留点面子？他

并没问你的意见啊！他不需要你的意见，为什么要跟他抬杠？

应该永远避免跟人家正面冲突。"

永远避免跟人家正面冲突。说这句话的人已经辞世了，

但卡尔受到的这个教训仍长存不灭。那是卡尔最深刻的教训，

因为卡尔是个积重难返的杠子头。小时候他和哥哥为天底下

任何事物都抬杠；进入大学，卡尔又选修逻辑学和辩论术，

也经常参加辩论赛。

从那次之后，卡尔听过、看过、参加过、批评过数以千

次的争论。这一切的结果，使他得到一个结论：天底下只有

一种能在争论中获胜的方式，那就是避免争论。避免争论，

就像你避免响尾蛇和地震那样。

因为，当你和朋友聊天时，你如果开始争论的时候，就

表示你已经失去了控制，你就已经输了！你可以和别人和讨

论，但不要争论。十之八九，争论的结果会使双方比以前更

相信自己绝对正确。你赢不了争论。要是输了，当然你就输

了；即使赢了，但实际上你还是输了。为什么？如果你的胜

利使对方的论点被攻击得千疮百孔，证明他一无是处，那又

怎么样？你会觉得扬扬自得；但他呢？他会自惭形秽，你伤了他的自尊，他会怨恨你的胜利。而且一个人即使口服，但心里未必服气。

即使你的辩才纵横、逻辑清晰、口若悬河，每当别人和你看法不同时，你就一定把对方讲到哑口无言，看起来你的嘴巴是蛮厉害的，可是，我不得不说，这样的人其实是不会说话的人。因为你只是在口头上战胜了别人，而别人心里却对你不服气，甚至很恨你，时刻期待着你出洋相呢。

如此以来，你的人缘又怎会好呢？

有一句很经典的话：每个人，都是自己那片小领土的国王。

既然大家都是国王，当然谁也不乐意被别人教训了。所以，当别人敢于冒犯自己时，第一个反应就是跳出了捍卫自己的"小王国"。

当你开始和别人争论的时候，实际上是你唤起了对方的斗志——和你作战的斗志。也就是说你用争论给自己树立了一个"敌人"，不管战果如何，你都难以再得到对方的好感。

所以，在和对方有不同看法或意见时，不要去争论，因为争论实在没有必要，也毫无用处。而情侣之间更不必争论

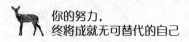
了，既然大家是因为互相爱着对方才走到一起，为了一些口头的高低而斤斤计较，损害彼此的感情，是多么地得不偿失啊。

赞美如煲汤，关键看火候

> 赞美如煲汤，火候是关键，只要把握好赞美的火候，你的赞美才会让人刻骨铭心，别人才会对你刮目相看。

人往往都喜欢被赞美，无论是咿呀学语的孩子，还是白发苍苍的老翁，因为人任何时候都有一种被人肯定的欲望。有位企业家说："人都是活在掌声中的，当部属被上司肯定、受到奖赏时，他就会更加卖力地工作。"卡耐基也曾说过："当我们想改变别人时，为什么不用赞美来代替责备呢？"

美国历史上第一个年薪过百万的管理人员叫史考伯，他是美国钢铁公司的总经理。一次，记者问他："你的老板为什么愿意一年付你超过 100 万的薪金，你到底有什么特别的

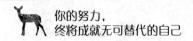

本事？"史考伯回答："我对钢铁懂得并不多，我的最大本事是我能使员工鼓舞起来。而鼓舞员工的最好方法，就是表现真诚的赞赏和鼓励。"说穿了，史考伯就是凭他会赞美人，而年薪超过 100 万。可见，学会赞美对于说话是多么重要的事情！

事实上，世界上没有人对别人对自己的赞美无动于衷，只不过有人会赞美他人，有人不会赞美而已。大文豪肖伯纳曾说过："每次有人吹捧我，我都头痛，因为他们捧得不够。"可见，高帽子是人人爱戴的。

赞美是最动听的音乐，但并不是说话时一味地赞美就行了。如果你的朋友在为刚刚做完的一个糟糕的发型而苦恼，你却大声夸赞她的头发很漂亮；或者你的朋友明明已经很胖了，你却称赞她的身材很匀称，并向她请教瘦身的秘密武器；我想，那些被称赞的人应该会很尴尬吧。因为你这种虚假的赞美实在太难以让人相信、太离谱了。

一位先生听说外国人非常喜欢他人的赞美，特别是外国的女人，最爱听人们夸她们漂亮。后来，他出国了，就试着去赞美别人，效果不错。一天，他去超市，迎面走来一位很胖的妇女。他习惯地说："哦，女士，你真漂亮！"不料那位妇女白了他一眼，不满地说："先生，你是不是离家太久了？"

如果不懂得如何去赞美别人，那么，你的蹩脚的赞美要么让人很尴尬，要么就跟半路杀出了一个程咬金似的，使对方一头雾水，不知道是怎么回事。

所以说，赞美别人的时候，要控制好火候。将分寸拿捏得当，张弛有度，才会让被赞美的人受用。

美国的化妆品大王玫琳凯就是一个善于赞美别人的高手，她那恰如其分的赞美，常常让别人受宠若惊，不知不觉地接受她说的一切。

有一次，玫琳凯上门推销化妆品，敲开门后，迎接玫琳凯的是一张冷淡的脸。当然，遇到冒昧上门推销东西的推销员，也许很多人心里都不会很爽。女主人不客气地对玫琳凯说："对不起，我现在没有钱，或许我哪天有钱了会买你的化妆品。"说完，女主人就要关门了。

虽然时间很短，但聪明的玫琳凯已经看到了女主人怀里抱着的狗价值不菲，很名贵，那么，"现在没有钱"显然只是她拒绝自己的借口罢了。于是，玫琳凯微笑着说："您的小狗真可爱，一看就知道是很名贵的狗。"

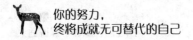
"那当然！"看到别人和自己一样喜欢自己的爱犬，女主人当然很高兴。

"这么可爱的狗，一定需要花费不少的时间和精力去培养吧。"

"是的，是的！"女主人接过玫琳凯的话，开心地为玫琳凯介绍她为这条狗花费的时间和精力，当然，也花费了不少的钱。

玫琳凯听得认真，女主人讲得开心，不知不觉中，女主人已经对玫琳凯产生了好感。在一个非常恰当的时机，玫琳凯插话说："当然了，能够为名贵的狗花费如此多的精力和金钱，一定不是普通阶层。就像这些化妆品一样，价格比较贵，所以也不是一般人可以使用的，只有那些有身份、有品位的女士，才享用得起。"

这时，女主人已经不知不觉对玫琳凯产生了好感，自然不会再找"现在没钱买"的借口来搪塞对方，于是，很高兴地买下了一套高档化妆品。

所以，赞美别人就要拿捏得当，虚假的赞美是不会打动别人的。那么，如何才能让你的赞美打动人心呢？那就是找到别人内心最渴望被赞美的部分，然后，恰如其分地进行赞美。

一个女生不停地让你看她和男朋友的影集，那你应该赞美她男友是多么帅气，多么优秀。一个妈妈的整个话题都是唠叨自己的孩子，那么，你就应该顺势夸赞她孩子的聪明、可爱。一个男人的话题如果一直是描述自己和一些名人的交往，你就应该赞美他的人脉很广，什么事他都搞得定。

这样，他们听到你的赞美一定会很开心。原因就是你的赞美刚好是他们内心最渴望被赞美的部分。有朋友说，我哪里知道他内心渴望什么被赞美啊？这就需要你自己的观察本领和推理能力了。如果别人讲话时你东张西望、充耳不闻，你当然不可能了解别人内心的想法。想说出让对方中听的话，想让自己的赞美让听的人很受用，就要多一点儿小小的心思。

一个美女会去演一个自毁形象的妓女，说明她的内心是希望别人承认她的演技，而不只是她的漂亮。一个长相、身材都很一般的阿姨突然迷恋上美容、瑜伽，可能是受到某些刺激，因此她的内心极度渴望别人能够称赞她的身材和皮肤。

所以说，赞美如煲汤，火候是关键，只要把握好赞美的火候，你的赞美才会让人刻骨铭心，别人才会对你刮目相看。

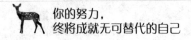

聊天中，不冷落朋友才是高手

> 一个在聊天时只聊自己而忽略别人的人，往
> 往会被别人看作自高自大、自私自利的人，这样
> 的人爱以自我为中心，这样的人往往会让大家对
> 之避之不及。

每一个人都希望有朋友来分享自己的喜悦，分担自己的
痛苦，每个人都需要别人的关注。聊天是一个互动的过程，
如果你只是聊自己，而绝口不提别人的事情，那么，就会让
别人有一种被冷落的感觉，尽管你一个人在聊得很兴奋，可
是，你对面的人看似在专注而耐心地听你讲话，可是，心里
可能在想"他的话真多，什么时候能聊完啊！""这个人真
讨厌，一直聊自己的那点破事，以后再也不和他聊天了。""晕，

有完没完啊，我还有事呢。"这都可能是听你不停唠叨的人的想法哦。看似在听你聊天，心里却不知不觉把你归类到"讨厌的人"一列了。

一般来说，人们最感兴趣的就是谈论自己的事情，而对于那些与自己毫无相关的事情，大多数人觉得索然无味，所以说，有些事情你看来也许很有兴趣，对于别人来说，常常不仅很难引起别人的同情，而且别人还觉得好笑。

在一些聚会上，经常看到一些刚做妈妈的女人兴奋地对人说："哇，我的宝宝太聪明了！他都会叫'妈妈'了。"然后大聊特聊自己孩子的一些事情。她这时的心情是高兴的，可是旁人听了会和她一样地高兴吗？未必。除非你是在参加新妈妈育儿交流聚会，否则，别人很难有兴趣。因为这本来就不是一件值得大惊小怪的事情啊！虽然，新妈妈看来是充满了喜悦，别人却不一定有同感，这是人之常情。

有一个著名的主持人，很多明星很愿意上他的节目。每次接受他的访问或者上他主持的节目，明星们都很开心，就连平时很多不愿意聊的内容，也愿意拿出来聊。有人问这个主持人："为什么别人都愿意和你聊天，请问你如此好的口才是如何炼成的？"

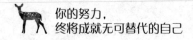
主持人平静地说："我想，很多人之所以愿意和我聊天，并不是我说的有多精彩，而是我很愿意聊他们的事情。聊天时，我都尽量说'你觉得……''你是否……'而尽量别让自己说出'我'这个字眼。这样，嘉宾才会有说不完的话。"

而那些在节目中只顾聊自己的主持人，往往会让嘉宾陷入一种尴尬的境地，只能在一旁讪笑。这样的主持人永远也打不开别人的心扉，这样的聊天也是枯燥乏味的。

小孩在做游戏时，常会说"这是我的"、"我要"，这是自我意识强烈的表现。在小孩子的世界里，这或许无关紧要，但有些成年人也是如此。他们说话时，仍然强调"我"、"我的"，这给人自我意识太强的坏印象，人际关系也会因此受到影响。

亨利·福特二世曾经描述令人厌烦的行为时说："一个满嘴'我'的人，一个独占'我'字，随时随地说'我'的人，是一个不受欢迎的人。"

《福布斯》杂志上也曾登过一篇《良好人际关系的一剂药方》的文章，其中有几点值得借鉴：语言中最重要的五个字是："我以你为荣！"语言中最重要的四个字是："您怎么看？"语言中最重要的三个字是："麻烦您！"语言中最重要的两个字是："谢谢！"语言中最重要的一个字是："你！"那么，语言中最次要的一个字是什么呢？是"我"。

可见，在说话时，只聊自己的人是多么令人讨厌！

要想别人不知不觉喜欢上你，不妨试着多聊一些别人的话题。假如在和别人聊天时，尽量别让自己说出"我"字，每次当你想说"我"的时候，就改成"你"或者"他"。你会发现，在接下来的谈话中，你会不断地说出"你那天……""你感觉""你的看法……"，当你将这些话题不断地丢给对方、让对方畅所欲言的时候，我相信，对方已经在心里喜欢上你了。

一个在聊天时只聊自己而忽略别人的人，往往会被别人看作自高自大、自私自利的人，这样的人爱以自我为中心，这样的人往往会让大家对之避之不及。而那些能把对方放在心上，畅所欲言的人，才是真正的说话高手。

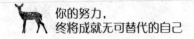
将别人看在眼里，放在心上

　　　　想做一个说话讨喜的人，就要懂得哪些话该说，哪些话不要说。将别人看在眼里，放在心上，才能用言语打动别人，让别人不知不觉喜欢你。

　　说话的时候，不要不经过大脑，就让糟糕的话脱口而出。因为那样很得罪人，想要说话讨人喜欢，让别人不知不觉喜欢你，就要在说话时将别人看在眼里，放在心里。每说一句话之前，都要考虑一下你要说的话是否合适，不要口无遮拦，想说什么就说什么，给其他人造成不快。

　　下面是一个请客的故事，故事虽然简单，道理却是深刻的。

　　有一个人请客，因为请了朋友做客，但过了很久，还有很多客人没来，主人心里很着急，为什么还没来，就说："为什么该来的客人还不来，真是的！"一些客人听到了，心想：该来的客人没来，那我不就不该来喽？于是悄悄地走了。主人看到又走了好几个客人，越来越着急，连说："怎么这些不该走的又走了呢？"剩下的客人一听，又想：如果走了的是不该走的，那我这个不该走的也是要走的喽！于是都又走了。最后剩下了一个客人。妻子说："你说话前应该先考虑一下，否则说错了，就不容易收回来了。"主人说："不是呀，我并没有叫他们走啊！"最后一个客人听了，便想：那我就是该走了。于是头也不回地离开了。

这个故事告诉我们，说话时，要将别人看在眼里，放在心上，否则，胡乱说话，别人听了不舒服，也得罪了别人。

即使是亲密无间的朋友，说话也不能口无遮拦，不考虑别人的感受。有些人说话之所以惹恼人，都是因为说话时不顾忌别人的感受，不将别人放在心上。

当你看到一位身材肥胖的女同事，大声地询问她："哟，你又长胖啦？你老公都弄什么给你吃，把你喂得这么肥啊"我相信，你的女同事心里一定对你很不爽。说不定会立刻和你翻脸呢。

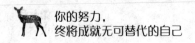
一位刚刚失去亲人的朋友正处于悲痛之中，如果你冒失地说："最近过得如何，开心吗？听说电影院上影了一部喜剧大片，要不要哪天咱们一起去看看。"我想，你的朋友也一定不会对你有什么好的印象。

新娘子在婚礼上穿了一件不太合适的衣服，但聪明的人没有人会批评新娘的。如果你不注重场合，和周围的人议论新娘子的衣服："哎呀，她这身礼服剪裁得真不错，可就是颜色嘛，看着很不合适……"你的话不仅会让当事人对你不爽，甚至就连旁边的客人也会觉得你这个人不解风情，大煞风景。

或许，你心地善良，待人热情，常常给人以最无私的帮助，可是，如果说话无所顾忌，不考虑别人的感受，往往会给对方增添不快。

比如说，许多人不喜欢别人问自己的年龄，尤其对女性而言，年龄是她们的秘密，不愿被人提及。你在和别人聊天时就不要打探别人的年龄。还有，对钱等涉及个人收入的一类私人问题的询问通常也是不合适的，可以置之不理。

在社交活动中，应该以诚待人，宽以待人。要与人为善，而不要打听、干涉别人的隐私，评论他人的是是非非等等。

不要无事生非，捕风捉影，也不要乱传小道消息，把芝麻说成西瓜。说话要有事实根据，不能听风就是雨，随波逐流。总之，说话的时候要约束一下自己，多考虑别人的感受，你明白什么话是该说的，什么话是不该说的。

将别人放在心上，说话时才会考虑对方的感受。譬如有一位官员，对事事请示的部属有些不满意，但是他并不直截了当地命令大家分层负责，而改成在开会时说：

"我不是每样事情都像各位那么专精，所以今后签公文时，请大家不要问我该怎么做，而改成建议我怎么做！"

还有一位派驻美国的外交官，临行酒宴上讲的一段话，十分地精彩，他说："大家都知道，如果没有过人之才，不可能在这个外交战场纽约担任外交工作，而且一做就是十年。而我，没有什么过人之才，凭什么能一做就是十几年呢？这道理很简单，因为我靠你们这些朋友！"这段话不到百字，连续三个转折，是既有自豪，又见谦虚，最后却把一切归功于朋友，怎不令人喝彩呢？

说话高手说话时除了为自己想，更要为对方着想。谈好事，把重心放在对方身上；要责备，先把箭头指在自己身上。最重要的是，当你说话的时候，一定要记得别人。

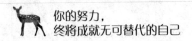
因为没有一个听讲话的人，会希望被讲话者忽略；也没有一个忽略听众的说话者，能获得好的反应！

富兰克林在自传中有这样一段话："我在约束自己言行的时候，在使我日趋成熟，日趋合乎情理的时候，我曾经有一张言行约束检查表。当初那张表上只列着十二项美德，后来，有一位朋友告诉我，我有些骄傲，这种骄傲经常在谈话中表现出来，使人觉得盛气凌人。于是，我立刻注意到这位友人给我的忠告，并且相信这样足以影响我的发展前途。随后我在表上特别列上虚心一项，以专门注意我所说的话。现在，我竭力避免一切直接触犯或伤害别人情感的话，甚至禁止使用一切确定的词句，如：'当然'、'一定'等，而用'也许'、'我想'来代替。"

富兰克林之所以口才出众，讨人喜欢，与他在言行上的努力是分不开的。想做一个说话讨喜的人，就要懂得哪些话该说，哪些话不要说。将别人看在眼里，放在心上，才能用言语打动别人，让别人不知不觉喜欢你。

认真倾听，是对别人最好的尊重

当你夸夸其谈却不顾别人的谈话时，你显然没有明白说话的艺术。只有最大限度地提高自己的倾听能力，才能真正提高自己的说话能力，才能让别人不知不觉喜欢你。

倾听是一种礼貌，是一种尊敬讲话者的表现，是对讲话者的一种高度的赞美，更是对讲话者最好的恭维。倾听能使对方喜欢你，信赖你。

汽车推销员乔·吉拉德被世人称为"世界上最伟大的推销员"。他曾说过："世界上有两种力量非常伟大，其一是倾听，其二是微笑。倾听，你倾听对方越久，对方就越愿意接近你。据我观察，有些推销员喋喋不休，因此，他们的业

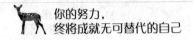

绩总是平平。上帝为什么给了我们两个耳朵一张嘴呢？我想，
就是要让我们多听少说吧！"

当然，这个道理并非乔·吉拉德生来就知道的，因为不
懂得倾听，乔·吉拉德曾为此付出过惨重的代价。

推销汽车并不是一件轻松的事情，乔·吉拉德花了近一
个小时才让他的顾客下定决心买车，然后，他所要做的仅仅
是让顾客走进自己的办公室，然后把合约签好。

当他们向乔·吉拉德的办公室走去时，那位顾客开始向
乔提起了他的儿子。"乔，"顾客十分自豪地说，"我儿子
考进了普林斯顿大学，我儿子要当医生了。"

"那真是太棒了。"乔回答。

俩人继续向前走时，乔却看着其他顾客。

"乔，我的孩子很聪明吧，当他还是婴儿的时候，我
就发现他非常地聪明了。"

"成绩肯定很不错吧？"乔应付着，眼睛在四处看着。

"是的，在他们班，他是最棒的。"

"那他高中毕业后打算做什么呢？"乔心不在焉。

"乔，我刚才告诉过你的呀，他要到大学去学医，将
来做一名医生。"

"噢,那太好了。"乔说。

那位顾客看了看乔,感觉到乔太不重视自己所说的话了,于是,他说了一句"我该走了",便走出了车行。乔·吉拉德呆呆地站在那里。

下班后,乔回到家回想今天一整天的工作,分析自己做成的交易和失去的交易,并开始分析失去客户的原因。

次日上午,乔一到办公室,就给昨天那位顾客打了一个电话,诚恳地询问道:"我是乔·吉拉德,我希望您能来一趟,我想我有一辆好车可以推荐给您。"

"哦,世界上最伟大的推销员先生,"顾客说,"我想让你知道的是,我已经从别人那里买到了车啦。"

"是吗?"

"是的,我从那个欣赏我的推销员那里买到的。乔,当我提到我对我儿子是多么地骄傲时,他是多么认真地听。"顾客沉默了一会儿,接着说,"你知道吗?乔,你并没有听我说话,对你来说我儿子当不当得成医生并不重要。你真是个笨蛋!当别人跟你讲他的喜恶时,你应该听着,而且必须聚精会神地听。"

从此以后,乔·吉拉德认真倾听别人的说话,很快,很

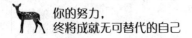

多客户都喜欢上了他，都乐意在乔·吉拉德这里买汽车，因为他给人的感觉就是很值得信任。后来，乔·吉拉德成了世界上最伟大的汽车推销员。

无独有偶，和乔·吉拉德犯同样错误的还有推销员查尔先生。

推销员查尔对顾客斯尔宝先生说："斯尔宝先生，经过我的仔细观察，我发现贵厂自己维修花费的钱，要比雇佣我们来干花的钱还多，对吗？"斯尔宝先生说："我也计算过，我们自己干却是不太划算，你们的服务业不错，可是，毕竟你们缺乏电子方面的……"还不等斯尔宝说完，查尔就说："噢，对不起，我能插一句吗？有一点我想说明一下，没有人能够做完所有事情的，不是吗？修理汽车需要特殊的设备和材料，比如……"斯尔宝先生说："对，对，但是，你误会我的意思了，我要说的是……"又没等斯尔宝先生说完查尔又接着说："您的意思我明白，我是说您的下属就算是天才，也不可能在没有专用设备的情况下，干出像我们公司那样漂亮的活儿来，不是吗？"斯尔宝先生说："对不起，你恐怕还是没有搞懂我的意思，现在我们这里负责维修的伙计是……"查尔又急急地插话说："斯尔宝先生，现在等一下好吗？就等一下，我只说一句话，如果您认为……"这次，没等到推销员查尔说完，斯尔宝先生就说："我认为，你现在可以走了。"

因为不能认真倾听别人的话，往往会让说话的人对你产生极坏的印象，从而让自己失去很多的机会。

古希腊有一句民谚说："聪明的人，借助经验说话；而更聪明的人，根据经验不说话。"西方还有一句著名的话：雄辩是银，倾听是金。中国人则流传着"言多必失"和"讷于言而敏于行"这样的济世名言。这些都给了我们这样的建议：在和别人交往中，尽可能少说而多听。

每个人都希望获得别人的尊重，受到别人的重视。当我们专心致志地听对方讲，努力地听，甚至是全神贯注地听时，对方一定会有一种被尊重和重视的感觉，双方之间的距离必然会拉近。

当你夸夸其谈却不顾别人的谈话时，你显然没有明白说话的艺术。只有最大限度地提高自己的倾听能力，才能真正提高自己的说话能力，才能让别人不知不觉喜欢你。

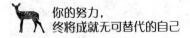

学会在背后称赞别人

> 有时当面的赞美如果没有把握好度，反而会适得其反，而背后赞美则可避免这些缺陷。因此，与其当面赞美会遇上"吃力不讨好"的事情，还不如背后赞美来得更"安全"，更"实在"些。

生活中，人往往喜欢听好听的话，即使明知对方讲的是奉承话，心里还是免不了会沾沾自喜，这是人性的弱点。一个人受到别人的赞美时，绝不会感到厌恶，哪怕对方说的夸张了一些。赞美的奥妙和魅力无穷，然而，最有效的赞美还是在背后赞美别人。

如果你要赞美一个人时，当面说和背后说所起到的效果是很不一样的。背后说别人的好话，远比当面恭维别人说好话，效果要明显好得多。如果我们当面说人家的好话，对方会以为你可能是在奉承他，讨好他。赞美的效果就会大打折扣。

但是，当你的好话是在背后说时，人家会认为你是出于真诚的，是真心说他的好话，人家才会领情，并对你产生好感。

假如你当着上司和同事的面说上司的好话，你的同事们会说你是在讨好上司，拍上司的马屁，从而容易招致周围同事的轻蔑。与其如此，还倒不如在公司上司不在场时，大力地"吹捧一番"。你不用担心，你在背后说的这些好话，是很容易就会传到上司耳朵里去的。

设想一下，若有人告诉你，某某在背后说了许多关于你的好话，你能不高兴吗？这种好话，如果是在你的面前说给你听的，或许适得其反，让你感到很虚假，或者疑心对方是否出于真心。为什么间接听来的便会觉得特别悦耳动听呢？那是因为你坚信对方在真心地赞美你。

《红楼梦》中有这么一段描写：史湘云和薛宝钗都曾劝过贾宝玉做官为宦，这令贾宝玉大为反感。一次，因湘云劝宝玉多结交些为官的朋友，宝玉十分生气，并对着史湘云和袭人赞美林黛玉，他说："林姑娘从来没有说过这些混账话！

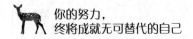

要是她说这些混账话，我早和她生分了"。凑巧这时黛玉正来到窗外，无意中听见贾宝玉说自己的好话不觉又惊又喜又悲又叹。结果宝黛两人互诉肺腑，感情大增。

在林黛玉看来，宝玉在湘云、宝钗、自己三人中只赞美自己，而且宝玉不知道自己会听到，这样，好话就让人感觉非常真诚。倘若宝玉当着黛玉的面说这番话，好猜疑、爱使小性子的林黛玉可能就认为宝玉是在打趣她或想讨好她。

在背后赞美别人，更让人受用，更加深入人心，背后赞美的作用绝不比当面赞美差。有时当面的赞美如果没有把握好度，反而会适得其反，而背后赞美则可避免这些缺陷。因此，与其当面赞美会遇上"吃力不讨好"的事情，还不如背后赞美来得更"安全"，更"实在"些。

背后赞美别人并不需要你挖空心思去想各种华丽的词语，也不用你费尽心机找各种场合去讨好别人。会说话的人，往往不经意间就把赞美的话说得很漂亮。

比如，你和对门的女主人关系不错，你很欣赏她的厨艺，如果你在别的邻居面前夸奖她："我家对门的张太太厨艺一流呢。"这话如果以另外一种方式传到张太太那里，"某某说你的厨艺很棒啊。"同一件事情直接听到或经由他人告知，究竟哪一种更令人高兴呢？不用说，大家心里也明白。

背后的赞美，首先说明你没有一点的功利性，只是"无意"中说了别人的好话，对于你这种由衷的赞叹，可以想象到被赞美者"辗转"听到你的赞美之词，心里该是多么的地激动和高兴。因此，从他人口中获悉自己受到夸奖时会感到非常高兴。而且，间接听来的赞美，意味着别人也知道自己受到赞美了。单就此点而言，即可让人觉得自己的能力受到了极高的评价，也足以说明赞美者是真心真意地佩服自己。

如果你是时候的有心人，你会发现很多人身上都有自己的优点，那么，你就不必吝啬自己的赞美了！学会在背后称赞别人，相信你的每一句赞美都是别人生活中的小惊喜。当你真诚地为别人的生活不断创造惊喜的时候，相信别人也同样会给予你同样甚至更多的惊喜。

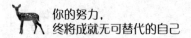
逢人需减岁，遇物则加钱

"遇物加钱，逢人减岁"，说白了就是投其
所好。这种说话的技巧往往能给对方、给社会带
来欢乐。对于这样"美丽的错误"与"无害的阴
谋"，我们多说一些又有何妨呢？

生活中，那些很会说话的人，有一条心照不宣的说话秘
密，它就是——逢人减岁和遇人加钱。想要讨人喜欢，免不
了说些客套话与场面话。如果你没办法掌握太多的场面话，
也一定要记得人在意的事情不外乎两大原则：外貌与金钱。
就此延伸出来的社交概念，也就是"逢人减岁，逢物加钱"。

只要是人，又有谁不希望自己永远年轻而不要过早地老
去呢？所以，成年人尤其是女士们对自己的年龄是非常敏感

的。例如，你是一位 25 岁的女生，却被别人看作是中年人
了，你的心里面能高兴吗？出于成人们普遍存在的这种怕老
心理，"逢人减岁"这种说话技巧便有了讨人喜欢的"市场"
啦。

逢人减岁，会让你说话很讨喜，而又不需要你有多么高
的说话能力。你只需要把对方的年龄尽量往小处说，从而使
对方觉得自己显得年轻，保养有方等，进而产生一种心理上
的满足。当然，你也不能减得太离谱。一个 60 岁的阿姨，
你硬要笑眯眯地奉承人家只有 20 岁，恐怕被奉承的人不会
相信，就连身边的人也恨不得塞上你的嘴巴。也就是说，
逢人减岁也是要有分寸的。一位三十多岁的人，你说她看上
去只有二十多岁，一个六十多岁的人，你说她看上去只有
四五十岁，这种"美丽的错误"，对方是不会认为你缺乏眼
力，对你反感的，相反，她会对你产生好感。如此，你又何
乐而不为呢？

那么，遇物加钱是什么意思呢？它是说当你在评价别人
所够买的物品时，对其价格故意高估，从而使对方高兴。例
如，你的朋友买了一套样式挺不错的西服，你知道市场行情，
这种衣服两三百元完全能够买得下来。于是你便在猜测价格

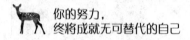

时说：“这套西服不错呀，至少得花四五百元吧？”我相信你的朋友听后一定会非常高兴，往往会笑着说：“你没想到吧，我花 200 元就买下来了！”

这样的说话方式是很有技巧性的。你在并不知道张三花了多少钱买下这套衣服的情况下，故意说高衣服的价格，从而令对方产生成就感，当然会使对方高兴啦。

买东西是我们这些凡夫俗子再平常不过的一种日常生活行为。在我们的心中，能用“廉价”购得“美物”，那是善于购物者所具有的品格，那是精明人的一种象征，虽然我们不会，也不可能都是善于购物者，但我们还是希望我们的购物能力能得到别人的认可。

因此，当我们买了一件物品之后，如果自己花了 50 元，别人认为只需 30 元时，我们就会有一种失落感，觉得自己不会买东西。但当我们花了 30 元，别人认为需要 50 元时，我们则有一种兴奋感，很会买东西。由于这种购物心态的存在，“遇物加钱”这种说话技巧也就有了用武之地。当然“价格高估”也要注意，首先你要对商品的物价心里有底，其次是不能过于高估，否则收不到好的效果。

“遇物加钱，逢人减岁”，说白了就是投其所好。当然，我们的出发点是光明正大的，我们的这种"投其所好"，无论是对自己、对对方还是对社会，都是没有害处的。相反，这种说话的技巧往往能给对方、给社会带来欢乐。对于这样"美丽的错误"与"无害的阴谋"，我们多说一些又有何妨呢？

但是，"逢人减岁，遇货添财"并非是万能灵药，适合任何人。你需要知道的是，喜欢被看得年轻一些，往往都是有一定年龄的人；相反的，如果你交往的对象本来就是少男少女，与其说他们小，倒不如夸老个一两岁，因为渴望长大的青少年，非常希望能被当成大人来对待。

当你买东西送长辈，对方问你花了多少钱时，就不能傻傻地"添财"，而是要"减财"，通常长辈都比较节俭，收礼会高兴，却又会心疼你花了太多钱。如果你不希望自己精心挑选的礼物，只是被长辈收进老木箱里珍藏而不拿来活用，那么你最好把采购的商品说得较为平价，但不失品质，别让老人家因为舍不得而浪费了你的心意。

不管是遇物加钱，还是逢人减岁，都是一种投其所好的说话技巧，你说得用心，听的人自然开心。

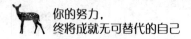

不说绝对的话，才有余地

即使对方再讨厌，你也不要口出恶言，更不要说出"情断义绝"、"誓不两立"之类的过激的话，除非有深仇大恨。不管谁对谁错，最好都是闭口不言。

刘刚是一个性格耿直，心直口快的人，眼里容不得一点沙子。

一次，刘刚和同一个办公室的李强之间产生了一点摩擦，很不愉快。其实同事间有点分歧是难免的，互相宽容点也就过去了。但是，刘刚一怒之下，对同事李强说："从今以后，我们之间一刀两断，彼此毫无瓜葛！"

这句话说完不到三个月，李强成了刘刚的上司。刘刚因为之间讲了过重的话，所以很尴尬，只好辞职另谋他就。

因为把话讲得太绝对而给自己造成窘迫的例子，在现实中随处可见。但这样做的结果，就像把杯子倒满了水一样，再也滴不进一滴水，否则就会溢出来；也像把气球充满了气，再充就要爆炸了。

古希腊神话里有这样一个传说：太阳神阿波罗的儿子法厄同驾起装饰豪华的太阳车横冲直撞，恣意驰骋。当他来到一处悬崖峭壁上时，恰好与月亮车相遇。月亮车正欲掉头退回时，法厄同倚仗太阳车辕粗力大的优势，一直逼到月亮车的尾部，不给对方留下一点回旋的余地。

正当法厄同看着难以自保的月亮车而幸灾乐祸时，他自己的太阳车也走到了绝路上，连掉转车头的余地也没有了。向前进一步是危险，向后退一步是灾难，最后终于万般无奈地葬身火海。

这个故事说明了一个道理，那就是不管做什么，都不要太绝对，要留有余地。同样，说话也是如此。

在谈话时，即使是你绝对有把握的事，也不要把话说得过于绝对，绝对的话语容易引起他人的反感，从而会对你的话挑剔。与其给别人一个挑剔的借口，不如把话说得委婉一

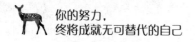

点。比如，有人要约你，你不想去。可以说"哎呀，真对不起，我周末有事"或"等以后有机会吧"，不要说"我不想去"或"不行"。这样可以让对方免于难堪，给对方一个台阶下。否则，得罪了人，也害了自己。

不把话说得绝对，你还可以在更为广阔的空间与对方周旋。这如同在战场上一样，留有余地就可进可退，无论在何时都会立于不败之地。说话也同样如此，如果你不懂得给自己留点儿余地，而是把话说得很满，这对你并没有什么好处。比如没把握的事情要答应人家，可以说"我试试看吧"或"我尽量帮你"，不要说"包在我身上""一定能办妥"。这样你如果尽力了但是又没办好，你自己也有退路。毕竟你没有向人保证你能成功。

特别是和领导相处的时候，上司将此事交给你去办，你不加思索地拍着胸脯。高昂着头回答说："绝对没问题，就请你放心吧，这些工作我在三天之内肯定搞定。"然而，过了三天，领导并没有见到他想要的结果，肯定会去问你进度如何，这时你如果不好意思地说："没有你想象中的那么简单！"那么事后，虽然领导给你延长了完成任务的时间，但他内心一定会对你产生不好的印象，认为你言而无信，不值得信赖。

在现实生活中，如果你是个足够细心的人，你就会发现，很多成功人士在回答他人的讯问时，都非常偏爱用这些字眼，诸如：可能、大概、尽量、也许、考虑、研究、评估、征询各方意见等，很显然，这些字眼都不能表达肯定的意思，但能给自己留有余地。否则一下子把话说死了，结果事与愿违，那会很尴尬的。

即使对方再讨厌，你也不要口出恶言，更不要说出"情断义绝"、"誓不两立"之类的过激的话，除非有深仇大恨。不管谁对谁错，最好都是闭口不言，以便他日狭路相逢还有个说话的"面子"。

不说过于绝对的话，这样做其实并不是仅仅为别人考虑、对别人有益的，更是为自己考虑、对自己有益的。这是对双方都有好处的。

俗话说："十年河东，十年河西。"就像前面的故事一样，刘刚和李强刚开始是同事，三个月后，李强就成了刘刚的上司。所以说，人与人之间的关系，可能用不了"十年"就可能发生此消彼长的变化，人们相互间更是"低头不见抬头见"。如果把话说得太绝对，将来一旦发生了不利于自己

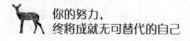
的变化，就难有回旋的余地了。

因此，我们一定要谨记：说话不说绝对的话，给掌控留有可供周旋的余地，才能让之间收放自如，才能立于不败之地。

说话时，要让别人感受到你的真诚

如果你能够了解人们的自尊心，能设身处地地站到对方的立场上，以对方的眼光来观察问题。那么，你的谈话就充满真诚，就能打动人心。

一个真正会说话的人，在和朋友聊天时，他一定能让你感受到他的真诚。

"真诚"，也许当你看到这两个字后，就会马上发出感慨——"我对别人太真诚了，也没有看到别人对我多真诚。"不要太在乎别人对你的反应。越是在乎得多，做人办事就会觉得束手束脚。只要记住一条：自己问心无愧就好了。而且"路遥知马力，日久见人心"，时间久了，大家自然就会在心里形成一个印象：这个人很真诚，让他办事放心。

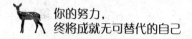
　　日本有一位十分有名气的政治家，他的名字叫田中义一，他极善于利用人们的亲近心理，营造温馨的交际环境，来取得预期的交际效果。有一次，他到北海道进行政治游览，有位穿着考究看起来很像当地知名人士的男子走出欢迎行列向他表示问候。田中义一急忙走上前去，紧紧握住那人的双手，十分热情地说道："啊，您辛苦了。令尊还好吗？"那个男子感动得一时说不出话来，田中义一的政治游说也因此大获成功。事后，田中义一的随从对主人的亲密举动十分不解，忍不住问道："那人是谁？"田中义一的回答出人意料："我怎么知道，但谁都有父亲吧！"

　　田中义一的交际成功，无疑在于他选择了一个比较好的交际切入点，真诚地与这位男子迅速建立了亲情意识，使男子觉得他是一个值得信赖、真诚而又和蔼可亲的人，从而在心理上对田中义一产生了认同感。

　　最能推销产品的人并不一定是口若悬河的人，而是善于表达真诚的人。当你用得体的话语表达出真诚时，你就赢得了对方的信任，建立起了人际之间的信赖关系，对方也就可能由信赖你这个人而喜欢你说的话，进而喜欢你的产品了。

　　讲得最顺畅的演讲也不能说不是好的演讲。滔滔不绝，一泻千里的演讲虽然流畅优美，但是如果少诚意，那就失去了吸引力，如同一束没有生命力的绢花，很美丽但不鲜活动人，缺少魅力。因此，演讲者首先应想到的是如何把你的真诚注入演讲之中，如何把自己的心意传递给对方。只有当听者感受到你的诚意时，他才会打开心门，接收你讲的内容，彼此之间才能够充分地沟通和共鸣。

迈克是一个平凡的业务员，干了十几年的推销工作后，突然对长期以来的强颜欢笑、编造假话、吹嘘商品等招揽顾客的做法感到十分厌恶。他觉得这是生活上的一种压力，为了要摆脱这种压力，他决定要对人无所欺。因此，他下定决心今后要向顾客"讲真话"，即使被解雇也在所不惜。有了这个念头之后再去工作，迈克觉得心情轻松多了。

这一天，有一个顾客光顾，顾客对迈克说："我想买一种可自由折叠、调节高度的桌子。"于是，迈克搬来了桌子，如实地向顾客介绍道："老实说，这种桌子不怎么好，我们常常接受退货。"

"啊！是吗？可是到处都看得到这种桌子，我看它挺实用的。"

"也许是。不过据我所知，这种桌子不见得能升降自如。

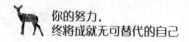

没错，款式新，但结构有毛病，如我向您隐瞒它的缺点，就等于是在欺骗您。"

"结构有毛病？"客人追问了一句。

"是的。它的结构过于复杂，过于精巧，结果反倒不够简便。"说着，迈克走近桌子，用脚去蹬脚板。本来，这要像踩离合器踏板，得轻轻地踩，他却一脚狠地踏上去，桌面突然往上撑起，差点儿撞到了那位顾客的下巴。

"对不起，我不是故意的。"

被吓了一跳的客人反而笑了起来，脸上露出喜悦的神色。"很好。不过，我还得仔细看看。"

"没关系，买东西不精心挑选是会吃亏的。"

"好极了！"客人听完解说十分开心，也出乎意料地表示他想要买下这张桌子，并且要马上取货。顾客一走，迈克受到了主管的严厉训斥，并被告知他被"炒鱿鱼"了。

正当迈克办理辞退手续准备回家时，突然来了一群人，走进这家商店，争着、喊着要看多用桌，一下就买走几十张桌子，说他们是刚才那位买桌子的客人介绍来的。就这样，店里成交了一笔很大的买卖。

这件事惊动了经理。结果，迈克不仅没有被辞退，还被提升为主管。迈克并没有滔滔不绝地吹嘘产品，但是却获得了成功，从某种意义上说，他的成功在于他能为顾客着想，关心顾客的利益，从而赢得了顾客的信赖。

说话，是一个传递信息的过程。因此，提高自己的说话信心，增添自己的说话魅力，不全在于说话者本人能否准确、流畅地表达自己的思想，还在于你所表达的思想、信息能否为听众所接受并产生共鸣。也就是说，要把话说好，关键在于说的话能否拨动听者的心弦。

在生活中，有的人长篇大论或慷慨激昂，可就是打不起听者的精神；而有的人虽寥寥几语，却掷地有声，产生魔力。何故？因为后者了解人们的自尊心，能设身处地地站到对方的立场上，以对方的眼光来观察问题。因此，他们的谈话充满真诚，很能打动人心。

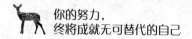
你对别人好奇，别人才会对你好奇

> 生活中的每一个人往往千方百计地想使别人注意到他自己，可是到了最后非常令人失望，因为他不会关心别人，他所关心的只是他自己。

有一些人害怕与陌生人接触，"不知道怎样开口"、"也不知道应该怎样去说"，这可以说是一种通病。好比在聚会上我们想不到有什么风趣或者是言之有物的话可说；去找工作的时候拼命地想给人留下一个好印象，却紧张得结结巴巴不知在说些什么。事实上，与人初识，内心都会产生七上八下的现象，不知道应该从何说出。

其实，懂得如何去跟陌生人无拘无束地结识，能够让你拥有很多的好朋友，让你的生活丰富多彩。

一位资深的记者谈及从前往返于世界各地的经验时说：

"与陌生人说话，就好比你在不停地打开礼物，刚开始你完全不知道里面装的到底是什么，一脸惊喜的样子。而陌生人之所以引人入胜，就取决于我们对他们的事情一点都不了解。"

他还讲了自己的一些经历：

他在新奥尔良遇见一位修女，看她的表面温文尔雅，不问世事。可后来却发现她的工作原来是协助粗野的年轻释囚重新做人。这些释囚背后，都有一段或者是无数段的与众不同的故事，谁都不会想到，看起来如宁静海的修女心灵中，竟然背负了那么多人坎坷的人生。是她的人生平静？抑或是你的人生平静？是她的人生多彩？抑或是你的人生多姿？与众不同的就是价值之所在。

他还在加拿大火车上遇到过一位老妇人，老妇人说自己正往北极圈内的一个村庄赶去，为什么呢？因为她听说那里可以见到北极熊在街上行走。

在埃及帝王谷，一个计程车司机还招待他到没铺地板的家里喝茶。这些谈话，让他感受到了一种与他人不一样的生活方式。

生活中的每一个人往往千方百计地想使别人注意到他自己，可是到了最后非常令人失望，因为他不会关心别人，他所关心的只是他自己。所以，以对方作为谈话的开端，会令

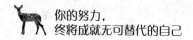
他人产生好感。赞美陌生人的一句话："你的衣服色泽搭配得真好"，"你的发型很流行"，就能使对方快乐，从而缓和彼此的生疏。或许，很多人都没有勇气去开口说这些，不过我们可以说："你看的那本书我也很喜欢看"、"我看到你走过那家便利店，我想……"

许多难忘的谈话也都是从一个问题开始交谈的。比如问别人："你每一天的工作情况怎么样？"往往人们都会非常热心地回答。而对较内向、看来羞怯的人，不妨多发问，帮助他们把话题继续延续下去。

谈话投机，有一半要靠倾听。倾听也是一种艺术，不倾听别人的谈话就不能真正地交谈。在与刚熟识的人说话的时候，应该看着他，还要对他所讲的话题做出反应，以此鼓励他继续说下去。如此一来，倾听即成为一个主动而不是被动的动作，从而不断地更进一步探索。

有效的沟通——有异于无聊的闲谈，最终的目的在于互相了解对方。许多的人都没有办法在别人的脑海里留下良好的印象，只因为他们不能专心倾听对方的谈话，只是一味思考自己下一句该说些什么。其实，一个健谈的人同时也是个耐心的倾听者。所以，假如希望他人喜欢你，你一定要做一个有耐心的听众，鼓励别人畅所欲言是最大的秘密。

如果你发现陌生人在和你谈话的时候眼神很稳定地凝视着你，不要感觉到很不好意思而退缩。你可以试着往思想性的主题去交谈，因为这样的人对抽象的思考非常感兴趣。要是在抽象的思考这方面你比较弱，你不妨来提这方面的问题，让他来教你，则彼此都会非常满意的。

你对别人产生好奇心，别人也对你产生好奇心；你可以增加他的生活情趣，他也可以增加你的生活情趣。不过，假如只由对方畅所欲言，而自己吝于付出，这样就无法达到双向沟通的目的。有的人觉得自己害羞或者是平淡无奇，他们一般都会这样地说："我们这些人没有什么值得谈的事情。"

然而，在现实生活中每一个人都有一些与他人一起分享的趣事。许多人会因为自己与别人的见解不同而羞于表达。但是正因为有这种不同，人生才能成为一个大戏台。假如我们彼此坦诚相待的话，在交谈的过程中就会很投机。我们需要陌生人的刺激——一个跟我们不同、暂时是个谜的人。

除了这些之外，与陌生人见面多少对你会有一定的影响。彼此心灵相通，意气相投，或许在你的生命里他将会成为你的一部分。

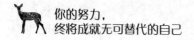

懂得示弱的人才是真正的说话高手

示弱就是一种扬人之长揭己所短的语言技巧，目的是使交易重心不偏不倚，或使对方获得一种心理上的满足，从而达到目的。

有一位汽车推销员——迈特，他对各种汽车的性能和特点都非常了解。本来，这对他推销是极有好处的，但遗憾的是他喜欢争辩。

当客户过于挑剔时，他总要和顾客进行一番唇枪舌战的嘴皮战，常常令顾客哑口无言。事后，他还不无得意地说："我令这些家伙大败而归。"可经理批评他："在舌战中你越胜利你就越失职，因为你会得罪顾客，结果你什么也卖不出去。"

后来，迈特认识到了这个道理，开始逐渐变得谦虚多了。

有一次，他去推销怀特牌汽车，一位顾客傲慢地说："什么，怀特？可我喜欢的是胡雪牌汽车。你送我都不要！"

迈特听了，微微一笑："你说得对，胡雪牌汽车确实好，这个厂设备精良，技术也很棒。既然你是位行家，那咱们改天来讨论怀特牌汽车怎么样？希望先生能多多指教。"于是，两个人开始了海阔天空式的讨论。迈特借这个机会大力宣扬了一番怀特牌汽车的优点，终于做成了生意。

为何迈特以前争强好胜却遭到批评，而后来不再和顾客争辩反而成了模范推销员呢？在这里，他掌握了一项重要原则，那就是：在和别人聊天时要懂得示弱。

在谈判中，真诚的自责会给对方一种慰藉，一种体贴，责的是自己，安慰的却是对方。善于与对方进行心理互换也是一种获得快乐的手段，它不仅能使交易继续，说不定对方还会给你带来更多的客户。示弱就是一种扬人之长揭己所短的语言技巧，目的是使交易重心不偏不倚，或使对方获得一种心理上的满足，从而达到目的。

有个人善于做皮鞋的生意，在相同的时间里别人卖一双，他就可以卖几双。有人问他做生意有何诀窍，他笑了笑说："要善于示弱。"

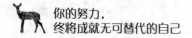

接下去他举例说："有些顾客到你这里来买鞋子，总是东挑西拣到处找漏子，把你的皮鞋说得一无是处。顾客总是头头是道地告诉你哪种皮鞋最好，价格又适中，式样与做工又如何精致，好像他们是这方面的专家。这时，你若与之争论毫无用处，他们这样评论只不过想以较低的价格把皮鞋买到手。这时，你要学会示弱，比如，你可以恭维对方确实眼光独特，很会选鞋挑鞋，自己的皮鞋确实有不足之处，如式样并不新潮，不过较稳罢了，鞋底不是牛筋底，不能踩出嗒嗒的响声，不过，柔软一些也有柔软的好处。你在表示不足的同时也借此机会从侧面赞扬一番这鞋子的优点，也许这正是他们瞧中的地方，可以使他们动心。顾客花这么大心思不正是表明了他们其实是很喜欢这种鞋子！善于示弱，满足了对方的挑剔心理，一笔生意很快就成功。"这就是他卖鞋的妙招。

示弱并不是示真弱，只不过顺着顾客的思路，用一种曲折迂回的方法来战胜别人的心。

第八章

你的努力，才是可以改变未来的力量

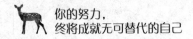
挺住，意味着一切

> 奋斗不是让你上刀山下火海闻鸡起舞头悬梁
> 锥刺股。奋斗就是每天踏踏实实地过日子，做好
> 手里的每件小事，不拖拉不抱怨不推卸不偷懒。

一个朋友向我抱怨，说自己大学读错了专业，错失了自己的最爱；工作上各种不顺心，辛苦奔波表面光鲜而已；自己的未来一片迷茫，到底该怎么办？

我也不知道该如何劝慰她，真心不知道。这个世界仿佛几乎没什么人大学读对了专业，又恰好做着自己所爱的工作，领导重视，同事关爱，清闲并且工资高。

在这里，我只想讲讲我身边的三个年轻人的故事。

第一个故事，一个男青年，是我家附近宽带公司的一名普通网络维修人员，某次网络大坏后跟我家结成了友好联邦。我听他说，他从小父母离异，跟外公一起生活，他几乎每天都要工作到半夜 12 点多，因为过了 12 点有一小时 100 块钱的加班费。

某次我又报修网络，他说周日不能来，因为要考雅思！我心想我都没考过哎，你一个维修工人考雅思？过了一段时间，他再次上门维修，跟我说："我要去新西兰读书了，雅思考过了，也拿到了 offer，以后就不能来修了。"

我惊讶得不得了，随口问他："那你为什么去新西兰，雅思过了好多国家都可以去啊！"他说："因为我女朋友在那儿，我就想过去陪她一起。陪读的话，我们慢慢会有差距，所以我也要考过去，这样我们的距离就不会太远。"

我送了他一枚从昆明带回来的香包，祝他幸福。他再也没来过我家修网络，有时候网络坏了，就会想起他的故事。

第二个故事，一个在电梯里工作的电梯工女孩，每天在电梯里上上下下，穿得很土，不化妆，扎一个马尾，一个水杯，手里一本英文书。从开始见到她是高中课本，然后慢慢变到大学课本，四六级，考研，托福。

谁都没有在意过她在学什么，她在看什么，她是什么背

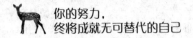
景，她住哪里，工资多少，她有什么梦想，她学这些想要干什么，她除了学这个还在学什么。不知道。楼里的居民有时候会把家里看过的杂志送给她，大概是觉得，只要是有字的东西，对一个电梯工来讲，就能用来学习吧。后来，她消失了很久。再见到她，她穿着职业套装，匆匆忙忙地跑进一个写字楼里。她不认识我，但是我记得她。

第三个故事，一个农村姑娘，从小到大没出过县城，来北京在朋友家做保姆。家务之余，此女苦读英文学普通话，上夜校，读自考，什么水平不知道。

后来她的主人告诉我，这姑娘当了对外汉语老师，专门给没有很多钱，但是又需要中文辅导的外国学生做老师，她不挑活，大小钱都赚，自己又节省，后来买了一部小QQ，这样能更快地穿梭在城市中，给更多的学生上课，省下路费和时间。

令人惊奇的是，姑娘还开了个早点摊，每天卖豆浆鸡蛋和烧饼，同时还卖玫琳凯。我觉得上天都会被这姑娘折服了。

这就是生活在我身边的三个普通青年，他们没学历没背景，他们连选错一个大学专业的机会都没有，他们连什么叫"对口专业"都不知道，他们连让高素质牛人打击的机会都没有。他们想要的，也许只是你我唾手可得的东西；他们拼命努力赚得的钱，也许是我们开口就能从父母手里拿到的数字；他们来到这个城市之初，卑微得所有人都看不见。但是不要紧，他们看得见他们自己。

现在的年轻人太想要一夜成名，一夜暴富，一件事坚持3个月没有结果，就开始抱怨上天不公，没有伯乐。有没有人看看考拉博客的最后一页，你眼中的成功人士，励志达人的她，是从哪年哪月开始奋斗的？什么是奋斗？奋斗不是让你上刀山下火海闻鸡起舞头悬梁锥刺股。奋斗就是每天踏踏实实地过日子，做好手里的每件小事，不拖拉不抱怨不推卸不偷懒。

每一天一点一滴的努力，才能汇集起千万勇气，带着你的坚持，引领你到你想要的地方去。难吗？不难。有没有勇气，摸着自己的心说一句："我的青春，不抱怨社会，不埋怨不公，只努力，超越自己。挺住，意味着一切！"

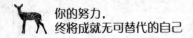
所有的努力都会开花

> 许多在别人眼里看似无用的努力，其实在关
> 键时刻，往往能发挥巨大的作用，使你的前途一
> 片光明。

有一个孩子，他从小就喜欢玩石头，只要一有空，他就
跑到山上或河滩上寻找稀奇古怪的石头。只要一回到家里，
他就把自己关在屋子里，一遍又一遍地观赏和抚摸着那些捡
来的石头，并用心聆听它们的低声细语。他觉得石头也是有
生命的，它们的心中也有许多别人不知道的秘密。

对于这个爱好，他的父母很不理解，他们想不通，世界
上好玩的东西那么多，为什么孩子偏偏对那些冰冷的石头感
兴趣呢？

刚开始，父母以为他只是一时兴起，也许用不了多久就会玩腻，因此并没有怎么在意。可是，一年又一年过去了，他的兴趣爱好却始终没有改变，眼看着院子里和墙角处的石头越堆越多，越码越高，他的父母开始着急起来。

毕竟，在父母看来，读书，上大学才是正道理，玩石头能玩出多大的前途呢？于是，他们千方百计地想要阻止孩子玩石头，将他捡回来石头全部扔到了附近的山谷里，还狠狠地骂了他一顿。

但是，没过几天，他又悄悄地将那些石头背了回来，藏在一个更加隐秘的地方。他就像着了魔一样，无论大人怎么教育，怎么胁迫，他对石头还是一如既往地狂热。

随着年龄的增长，他对石头的颜色和形状已没了多大的兴趣，开始转向研究石头的形成、结构、质地等。不过，由于他缺乏专业的知识，又没有相关的仪器和设备，所以走了不少弯路，浪费了不少时间。

于是，有人嘲笑他说："算了吧，你只是一个普通人，再怎么努力，也成不了科学家，还不如把精力用在其他方面。"对此，他总是不以为然地回答说："没事，反正我只是弄着玩，从来没有想过要成为什么家。"

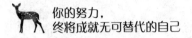

高中毕业，他没有考上大学，只好去了一家建筑公司打工。业余时间，他仍然喜欢研究石头，还买了不少这方面的书籍，渐渐地，他也玩出了一些门道。有一次，一个工友好奇地问他："你玩这个有用吗？也没见你赚到什么钱。"他淡淡地回答说："没什么用，就是喜欢，像别人跳舞、打麻将一样。"

功夫不负有心人，经过多年的努力，他不仅能够一眼认出一块石头产自哪里，质地如何，有多重，而且还能看出其中含有什么矿物质。

有一年，他去缅甸旅行，看到一群人正在赌石，他立刻被这种交易吸引了，并将身上所有的钱押了上去。从那以后，他成了赌石场的常客，凭着敏锐的直觉和多年对石头的研究，他几乎战无不胜，很快就成了富甲一方的商人和鉴赏界的大腕。

原来，一切正如李白所言：天生我材必有用，千金散尽还复来。许多在别人眼里看似无用的努力，其实在关键时刻，往往能发挥巨大的作用，使你的前途一片光明。

你的认真，让整个世界如临大敌

橙子很大，色泽鲜艳，味道甜美。隔着这些漂亮的橙子，我却看到了那些小小的橘子。它们，是那些小橘子开出的花吗？

他是个快递小子，20岁出头，其貌不扬，还戴着厚厚的眼镜，一看就知道刚做这行，竟然穿了西装打着领带，皮鞋也擦得很亮。说话时，脸会微微地红，有些羞涩，不像他的那些同行，穿着休闲装平底鞋，方便楼上楼下地跑，而且个个能说会道……

几乎每天都有一些快递小子敲门，有些是接送快递的物品，但大多是来送名片，宣传业务。现在的快递公司很多，也确实很方便，平常公事私事都离不开他们。所以他们送来

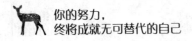
的名片，我们都会留下，顺手塞进抽屉里，用的时候随便抽一张，不管张三李四，打个电话，很快就会过来一个穿着球鞋背着大包的男孩子……

那次他是第一次来，也是送名片。只说了几句话，说自己是哪家公司的，然后认真地用双手放下名片就走了。皮鞋踩在楼道的地板上发出清脆的响声。有同事说，这个傻小子，穿皮鞋送快件，也不怕累。

几天后又见到他。接了他名片的同事有信函要发，兴许丁军辉的名片在最上面，就给他打了电话。电话打过去，十几分钟的样子，他便过来了，还是穿了皮鞋，说话还是有些紧张。

单子填完，他慎重地看了好几遍才说了谢谢，收费找零，零钱也是谨慎地用双手递过去，好像完成一个很庄重的交接仪式。

因为他的厚眼镜他的西装革履，他的沉默他的谨慎，我下意识地记住了他。隔了几天给家人寄东西，就跟同事要了他的电话。

他很快过来，仔细地把东西收好，带走。没隔几天，又送过几次快件过来。

刚做不久的缘故，他确实要认真许多，要确认签收人的身份，又等着接收后打开，看其中的物品是否有误，然后才走。所以他接送一个快件，花的时间比其他人要多一些，由此推算，他赚的钱不会太多。觉得这个行业，真不是他这样的笨小子能做好的。

转眼到了"五一"，放假前一天快中午的时候，听到楼道传来清晰的脚步声，随后有人敲门。竟然是他，丁军辉。他换了件浅颜色的西装，皮鞋依旧很亮。手里提着一袋红红的橘子，进了门没说话，脸就红了。

"是你啊？"同事说，"有我们的快件吗？"他摇头，把橘子放到茶几上，看起来很不好意思，说："我的第一份业务，是在这里拿到的。我给大家送点水果，谢谢你们照顾我的工作，也祝大家劳动节快乐。"

这是印象中他说得最长的一句话，好像事先演练过，很流畅。

我们都有些不好意思起来，这么长时间，还没有任何有工作关系的人来给我们送礼物呢，而他，只是一个凭自己努力吃饭的快递小子，也只是无意让他接了几次活，实在谈不上谁照顾谁。他却执意把橘子留下来，并很快道别转身就出

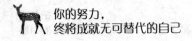
了门。

应该是街边小摊上的水果，橘子个头都不大，味道还有一点酸涩。可是我们谁也没有说一句挑剔的话。半天，有人说道："这小子，倒笨得挺有人情味的。"

也许因为他的橘子、他的人情味，再有快递的信件和物品，整个办公室的人都会打电话找他。还顺带着把他推荐给了其他部门。

丁军辉朝我们这里跑得明显勤了，有时一天跑了4趟。

这样频繁地接触，大家也慢慢熟悉起来。丁军辉在很热的天气里也要穿着衬衣，大多是白色的，领口扣得很整齐。始终穿皮鞋，从来都不随意。有次同事跟他开玩笑说，你老穿这么规矩，一点不像送快递的，倒像卖保险的。

他认真地说："卖保险都穿那么认真，送快递的怎么就不能？我刚培训时，领导说，去见客户一定要衣衫整洁，这是对对方最起码的尊重，也是对我们职业的尊重。"

同事继续打趣他："对领导的话你就这么认真听啊？"

听领导的话当然要认真，他根本不介意同事是调侃他，依旧这样认真地解释。

我们又笑，他大概是这行里最听话的员工吧！这么简单的工作，他做得比别人辛苦多了，可这样的辛苦，最后能得到什么呢？他好像做得越来越信心百倍，我们的态度却不乐观，觉得他这么笨的人，想发展不太容易。

果然，丁军辉的快递生涯一干就是两年。

两年里他除去换了一副眼镜，衣着和言行基本上没有变化。工作态度依旧认真，从来没听到他有什么抱怨。

那天我打电话让他来取东西。我的大学同窗在一所中专学校任教，"十一"结婚，我有礼物送她。填完单子，丁军辉核对时冷不丁地说："啊，是我念书的学校。"他的声音很大，把我吓了一跳。他又说："我也是在那里毕业的。"

这次我听明白了，不由抬起头来，有些吃惊地看着他。"你也在那里上过学吗？"

可能那个地址让他有些兴奋，一连串地说："是啊是啊，我是学财会的，2004年刚毕业。"

天！这个其貌不扬的快递小子，竟然是个正规学校的中专生。

我忍不住问他："你有学历也有专业特长，怎么不找其他工作？"

面对这样的询问，他有些不好意思，说："当时没以为

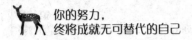

专业适合的工作那么难找，找了几个月才发现实在太难了。
我家在农村，挺穷的，家里供我念完书就不错了，哪能再跟
他们要钱。正好快递公司招快递员，我就去了。干着干着觉
得也挺好的……"

"那你当初学的知识不都浪费了？"我还是替他惋惜。

"不会啊。送快递也需要有好的统筹才会提高效率，比
如把客户根据不同的地域、不同的业务类型明细分类，业务
多的客户一般送什么，送到哪里，私人的如何送……通常看
到客户电话，就知道他的具体位置，大概送什么，需要带多
大的箱子……"他嘻嘻地笑："知识哪有白学的？"

我真对他有些另眼相看了，没想到笨笨的他这么有心，
而他的话，也真有着深刻的道理。

转眼又到了"五一"，节前总会有往来的物品，那天给
丁军辉打电话来取东西，电话是他接的，来的却是另外一个
更年轻的男孩。说："我是快递公司的，丁主管要我来拿东西。"

我愣了一下，转念明白过来。说："丁军辉当主管了？"

"是啊。"男孩说，"年底就去南宁当分公司的经理了，
都宣布了。"

男孩和丁军辉明显不一样，有些自来熟，话很多，不等

我们问，就说："上次公司会议上宣布的，提升的理由好几条呢，他是公司唯一干得最长的快递员，是唯一有学历的快递员，是唯一坚持穿西装的快递员，是唯一建立客户档案的快递员，是唯一没有接到客户投诉的快递员……"

男孩絮絮叨叨说了半天，才把我要发的物件拿走。因为丁军辉的事，那天，我感到由衷的高兴。

当天下午，丁军辉的快递公司送来同城快件，是一箱进口的橙子。虽然没有卡片没有留言，我们都知道是他送的。拆开后每人分了几个放到桌上。

橙子很大，色泽鲜艳，味道甜美。隔着这些漂亮的橙子，我却看到了那些小小的橘子。它们，是那些小橘子开出的花吗？

我终于相信了，认真是有力量的，那种力量，足以让整个世界如临大敌。

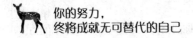
唯有努力，才能完成人生的跨越

> 与其为上天的不公仰天长叹，不如做一条奋
> 力游动的鲨鱼，化短为长，去打造属于自己的强
> 者之路，去完成自己的人生跨越。

有一个年轻人，因为家贫没有读多少书，他去了城里，想找一份工作。可是他发现城里没人看得起他。

就在他决定要离开那座城市时，他给当时很有名的银行家罗斯写了一封信，抱怨了命运对他的不公……

信寄出去了，他一直在旅馆里等，几天过去了，他用完了身上的最后一分钱，也将行李打好了包。

这时，房东说有他一封信，是银行家罗斯写来的。信中，罗斯并没有对他的遭遇表示同情，而是在信里给他讲了一个故事。

在浩瀚的海洋里生活着很多鱼。鱼鳔产生的浮力，使鱼在静止状态时，自由控制身体处在某一水层。此外，鱼鳔还能使腹腔产生足够的空间，保护其内脏器官，避免水压过大，内脏受损。因此，可以说鱼鳔掌握着鱼的生死存亡。可有一种鱼却是惊世骇俗的异类，它天生就没有鳔！

而且分外神奇的是它早在恐龙出现前3亿年前就已经存在地球上，至今已超过四亿年，它在近1亿年来几乎没有改变。

它就是被誉为"海洋霸主"的鲨鱼！英雄的鲨鱼用自己的王者风范、强者之姿，创造了无鳔照样追波逐浪的神话。

然而究竟是什么让鲨鱼离开了鳔在水中仍然活得游刃有余呢？

经过科学家们的研究，发现因为鲨鱼没有长鳔，一旦停下来，身子就会下沉。它只能依靠肌肉的运动，永不停息地在水中游弋，保持了强健的体魄，练就一身非凡的战斗力。

最后，罗斯说，这个城市就是一个浩瀚的海洋，你现在就是一条没有鱼鳔的鱼……

那晚，他躺在床上久久不能入睡，一直在想罗斯的信。

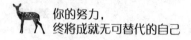
突然，他改变了决定。

第二天，他跟旅馆的老板说："只要给他一碗饭吃，他可以留下来当服务生，一分钱工资都不要。"

旅馆老板不相信世上有这么便宜的劳动力，很高兴地留下了他。

10年后，他拥有了令全美国羡慕的财富，并且娶了银行家罗斯的女儿，他就是石油大王哈特。

心中有希望，脚下就有路。

与其为上天的不公仰天长叹，不如做一条奋力游动的鲨鱼，化短为长，去打造属于自己的强者之路，去完成自己的人生跨越。

改变人生从改变自己开始

> 改变自己，需要从自己的心态做起，首先要否定原来的自己，这需要勇气，更需要信念。只有这样，才能跟原来的自己告别，去建设一个全新的自己。

现实生活中有很多事情是我们自己很难改变的。如果别人不喜欢我们，那是因为我们还不够让人喜欢；如果无法说服别人，那是因为我们还不具备足够的说服力；如果客户不愿意购买我们的产品，那是我们的产品还不尽如人意。

这样的情况下，只有改变自己，才会最终改变别人；只有改变自己，才能改变世界。

1838 年，28 岁的曾国藩考中进士，留在北京做官。到

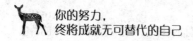
1852 年，他虽然也有升职，但并不顺畅。而且作为汉族官员，他经常感到周围的官员对自己持敌视态度，甚至多方掣肘，让自己每做一件事都深感艰难。1852 年这一年，从老家湖南传来凶信，曾国藩的母亲去世，按照古代惯例，曾国藩回乡奔丧。为母守孝期间，他对自己的仕途进行了深入的思考，并仔细阅读了老子的《道德经》，终于明白，自己之所以在之前仕途艰难，是因为自己"锋芒太露，有自大之嫌"，所以遭到别人嫉恨，平添很多阻力。

假期结束后，曾国藩复职。这时的曾国藩就像换了一个人似的，无论是上级还是下级，家里有婚丧嫁娶之事，他都亲自备礼登门。每一封写给他的信，他都认真回复。这样一段时间之后，曾国藩发现，同僚们对他的态度也发生了巨大的转变，他提出的建议、计划，在朝堂上往往得到大家的合力支持，他也得到了朝廷的重用，终于成就了自己的人生伟业。

年轻时的曾国藩恃才自傲，为人处世显得自大，因而遭到官僚们的嫉妒和排挤，官场也不得志。后来，曾国藩改变自己，低调做人，终于赢得了大家的信任和支持，他也走上了飞黄腾达的道路。人生在世，不要总是埋怨别人对自己不好，"遇人不淑"，要学习曾国藩，反思自己，改变自己。当你做好自己的同时，你会发现世界也随之改变。

改变自己，需要从自己的心态做起，首先要否定原来的自己，这需要勇气，更需要信念。只有这样，才能跟原来的自己告别，去建设一个全新的自己。

初秋的一天，一个穷困潦倒的矮个子青年因为拖欠了房东7个月的房租，已经被迫在公园的长凳上睡了两个多月了。年轻人用自来水洗了一把脸，来到一家寺庙，住持是日本当时的一位高僧。年轻人面对眼前的高僧口若悬河、滔滔不绝劝说老和尚投保。等年轻人说完后，老和尚平静地说："你的介绍丝毫没有引起我投保的兴趣。"年轻人愣住了。

老和尚接着说："人与人之间，像这样相对而坐的时候，一定要具备一种强烈吸引对方的魅力，小伙子，先努力改造自己吧。"

"改造自己？"

"是的，要改造你自己。你在替别人考虑保险之前，必须先考虑自己，认识自己。"高僧的话把年轻人点醒了。

他每月一次，每次请5个同事或投了保的客户吃饭。为此，甚至不惜典当衣物，目的只为让他们指出自己的缺点。

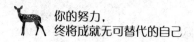

他的第一次"批评会"就使他原形毕露：你的个性太急躁了，常沉不住气；你的脾气太坏，而且粗心大意……他把这些逆耳之言都一一做了笔记，随时反省激励自己。每一次"批评会"后，年轻人自己身上的劣根性一点点剥落下来。

1939 年，年轻人的保险销售业绩终于荣膺全日本之最，并从 1948 年起，连续 15 年保持全日本销售第一的好成绩。他就是"世界上最伟大的推销员"——原一平。

高僧说：人与人要具备一种强烈吸引对方的魅力。这句真的是至理名言。人们相处就像磁铁一样，只有自己具备了强大的吸引力，才能将身边的人紧紧吸引到自己的身边，成为自己的朋友、兄弟。然后人与人相互扶持、帮助，这样的关系才是健康的关系。

当然，吸引力的来源在我们每个人自身，我们的道德是不是高尚，我们的性格是不是健全，我们的处事方式是不是恰当，这些都是我们要认真考虑的。如果我们没有锤炼好自身的硬件条件，就不能要求身边的人围绕在自己身边，就不能因为别人对我们敬而远之而生气。

凡事要从自身找原因，找到原因改正错误，提升自己的人格魅力，这才是交际成功的先决条件。酒香不怕巷子深，只要我们自身的人格魅力提高了，自然会有人来赏识我们，靠近我们，帮助我们。

如果你平时脾气暴躁，那么就从明天开始学会微笑吧；如果你平时自私自利，那么从明天开始热情助人吧；如果你平时沉默寡言，那么明天尝试着跟每个人打招呼吧。当你改变了自己，你会惊喜地发现，你也就改变了世界。

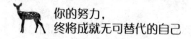
你不放弃自己，世界就不会放弃你

> 人生是一条波涛汹涌的大河，我们是一群不谙世事的水手，并非每一个水手都能在惊涛骇浪中"直挂云帆济沧海"。前路坎坷就放弃吗？布满荆棘就畏惧吗？你不放弃自己，世界就不会放弃你。

别人的人生充溢着五彩缤纷的故事，而他的人生却挤满了惊天动地的事故。

他曾经是一个不会说话的婴儿，直到 3 岁那年，才有幸蹦出一个字，让家人欣喜若狂，但也在 3 岁那年，他经历了人生中第一次坎坷——小小的他在横穿马路时被车撞飞。

那场车祸中，他很庆幸自己只是轻微脑震荡，缝了几针就好了。然而，从此以后，麻疹、皮疹、水痘、湿疹、肺炎、哮喘等各种病魔接踵而至，它们如影随形，乐此不疲地折磨着这个名叫特纳的小男孩，小特纳也只好全力奉陪，顽强地与病魔抗争。

10岁那年，小特纳又不幸结识了更强大的病魔——面瘫。那原本是个喜庆的节日，早上，他原本打算收拾好去参加节日游行，可就在刷牙的时候，他发现自己的脸庞有点不听使唤的感觉，接着他的半边脸就突然提不起来了。

"天哪！"他拍了拍自己的那半边脸，"我的脸怎么了？我多么想参加今天的游行活动，可是，我该怎么办？"

他能怎么办呢？他只好让妈妈再一次将他送进医院。

在去医院的路上，他不停地问妈妈："妈妈，真的有上帝吗？上帝真的是慈善的吗？那他为什么对我那么残忍？上帝是万能的吗？那他为什么不能给我一点点帮助？妈妈，你知道吗？我真的不喜欢光顾医院，我真的不喜欢结交医生，我对自己的身体很无奈！"

妈妈的心痛自然不会表现在脸上，她整理了一下自己的心情，微微一笑说："当然有上帝了，他是万能的，也是慈善的，但是，他也是智慧的，他知道你很坚强，所以派遣病

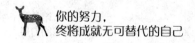

魔来考验你，目的是把你磨炼得无比强大——你看，上帝在天上看着你呢？"

小特纳顺着妈妈手指的方向，什么也没看到："我看不见上帝，但上帝一定能看见我——所以，我要表现得勇敢一些！"

在医院里，小特纳勇敢地接受了脊椎穿刺手术，这是一个无比痛苦的过程。当医生把一根针扎进他脊椎里准备抽骨髓时，他疼得大喊大叫，但却没有丝毫挣扎，而是强忍着剧痛，因为他相信：上帝在看着他。

两个星期以后，他的面瘫症状消失了，然而，病魔并没有放过这个坚强的孩子，他的嘴巴开始出现问题了，他变得口齿不清，无法表达自己所想，让听的人弄不明白他想说些什么。多亏他有一个善解人意的哥哥达柳斯，一看到心爱的弟弟张嘴，就可以根据他的嘴型判断他要表达的话语，于是，哥哥成了弟弟的"贴身翻译"。

在家里，小特纳在妈妈的照料和哥哥的陪伴下，艰难地成长着；在医院，他积极地配合医生的治疗，让自己的嘴角组织慢慢灵活起来；在学校，他除了正常上课以外，还专门报了演讲课，训练自己的发音，让自己慢慢地讲话。

体弱多病的身体，那是童年留给他的痛苦记忆，这位弱不禁风的少年，并没有停止自我拯救的步伐。他听说打篮球可以强身健体，便开始了漫长的篮球生涯。尽管在篮球场上经常被别人碰倒在地，常常伤痕累累，痛不欲生，但他不泄气，对篮球永远充满无比的热情和激情。可是，玩伴们泄气了，跟这么虚弱的他打篮球太没意思了，也太危险了，于是，学校的伙伴放弃了特纳。可是，特纳没有放弃自己，哥哥也没有放弃弟弟，在家里，兄弟俩就是最默契的玩伴。

贫困的家里没有篮球场，也没有篮球架，于是，兄弟俩相约在自家后面的小巷子里建造一个独特的篮球中心——他俩把一个装牛奶的板条箱固定在一根电线杆上，用铁棍捏了一个篮筐圈。

从此以后，日复一日、年复一年，两个相亲相爱的少年在小巷子里追逐着篮球，也放飞着希望。他想：上帝在看着我呢？我要好好表现。

在上高中时，特纳开始能够毫无障碍地在众人面前说话，他的身体也越来越强壮，篮球技术越来越高，并有幸收到了享有盛名的美国研究型公立高等学府，同时也是本州排名第一的公立大学——俄亥俄州立大学提前录取的通知，并在这

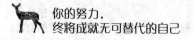

所大学里的篮球联赛上取得了优秀的成绩。

2011 年的夏天，在著名的美国 NBA 选秀大会上，特纳赢得了专家们的高度评价：融合了天赋、身材、爆发力、篮球智商、篮球大局意识于一身的优秀球员。接着，他以榜眼的身份被费城 76 人队选中，签订了三年价值 1200 万美元的合同。

人生是一条波涛汹涌的大河，我们是一群不谙世事的水手，并非每一个水手都能在惊涛骇浪中"直挂云帆济沧海"。前路坎坷就放弃吗？布满荆棘就畏惧吗？没有谁愿意遭受不幸，但它总是会发生。

与其害怕退缩，不如坦然接受。世路坎坷，心旅迢迢。访雨寻云的远足，渴望每一条直路。而谁又能预测人生的天气呢？但只要心灵的天空没有阴霾，阳光定会努力照得更远。

唤醒你的潜能，人生无所不能

唤醒你们无限潜能，让它像原子反应堆里的
原子反应那样爆发出来，你就一定会有所作为，
创造人生的奇迹。

每个人的身上都蕴藏着一份特殊的才能，那份才能有如
一位熟睡的巨人，等着我们将它唤醒，这个巨人就是潜能。

只要我们能将潜能发挥得当，我们也能成为牛顿，也能
成为爱因斯坦。无论别人对我们评价如何，无论所面临的困
难有多艰巨，只要我们相信自己，相信自己的潜能，我们就
能有所成就。

如果有人对你说，你可以轻松地学会 40 种语言，背诵整
本百科全书，拿 12 个博士学位。你可能会认为这是不可能的。

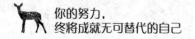
我可以肯定地告诉你:你一定能!

潜能是人类最大而又开发得最少的宝藏!许多专家的研究成果告诉我们:每个人身上都有巨大的潜能没有开发出来。美国学者詹姆斯根据研究说:普通人只开发了他蕴藏能力的1 / 10,与应当取得的成就相比较,我们不过是半醒着的;我们只利用了自己身心资源中很小很小的一部分……科学家还发现,人类贮存在脑内的能力大得惊人,平常只发挥了极小部分的功能。要是人类能够发挥一大半的大脑功能,那么,上面所列的目标你就可以轻松达到!

不仅研究成果表明了人的潜力,许多事例也证明了人类确实有让人惊讶的潜能。

一位已被医生确定为残疾的美国人梅尔龙,靠轮椅代步已12年。他的身体原本很健康,19岁那年,在越南战场上被流弹打伤了背部的下半截,经过治疗,虽然逐渐康复,却没法行走了。

他整天坐轮椅,觉得此生已经完结,有时就借酒消愁。有一天,他从酒馆出来,照常坐轮椅回家,却碰上三个劫匪,动手抢他的钱包。他拼命呐喊拼命抵抗,却触怒了劫匪,他们竟然放火烧他的轮椅。轮椅突然着火,梅尔龙忘记了自己是残疾，他拼命逃走，竟然一口气跑完了一条街。事后，梅尔龙说："如果当时我不逃走，就必然被烧伤，甚至被烧死。我忘了一切，一跃而起，拼命逃跑，及至停下脚步，才发觉自己竟然是能够走动的。"现在，梅尔龙已在奥马哈城找到一份职业，他身体健康，能和常人一样走动。

两位年届70岁的老太太，一位认为到了这个年纪可算是人生的尽头了，于是便开始料理后事；另一位却认为一个人能做什么事不在于年龄的大小，而在于怎么个想法。于是，她在70岁高龄之际开始学习登山，随后的25年里一直冒险攀登高山，在她95岁高龄时，她登上了日本的富士山，打破了攀登此山的最高年龄纪录！

每个人的身上都蕴藏着一种特殊的才能，那种才能有如一个熟睡的巨人，等着我们将它唤醒，这个巨人就是潜能。

只要我们能将潜能发挥得当，我们也能成为牛顿，也能成为爱因斯坦。无论别人对我们评价如何，无论所面临的困难有多艰巨，只要我们相信自己，相信自己的潜能，我们就能有所成就。

唤醒你们无限潜能，让它像原子反应堆里的原子反应那样爆发出来，你就一定会有所作为，创造人生的奇迹。